Tobias Seibel

Leadership: 82 Methoden für die Arbeit mit Führungskräften

Ein Workbook für Training, Coaching und Facilitation

managerSeminare Verlags GmbH – Edition Training aktuell

Tobias Seibel
Leadership: 82 Methoden für die Arbeit mit Führungskräften
Ein Workbook für Training, Coaching und Facilitation

2. Aufl. 2024
Endenicher Str. 41, D-53115 Bonn
Tel: 0228-977910
info@managerseminare.de
www.managerseminare.de/shop

ISBN: 978-3-949611-19-3

Herausgeber der Edition Training aktuell:
Ralf Muskatewitz, Jürgen Graf, Nicole Bußmann

Zeichnungen: Tobias Seibel
Lektorat und Satz: Jürgen Graf
Covergrafik: Tobias Seibel
Druck: Memminger MedienCentrum, Memmingen

Dieses Buch wurde gedruckt auf Circle Silk Premium White (100% Recycling-Papier, EU Eco-Label, FSC®-zertifiziert). Die mit dem Druck verbundenen CO_2-Emissionen werden vom Verlag kompensiert und fließen in unterschiedliche Aufforstungsprojekte zum Klimaschutz. Nähere Informationen finden Sie unter: www.managerseminare.de/verlag/umwelt

Inhalt

Download-Ressourcen: Für einen großen Teil der Methoden stehen Ihnen ergänzende Arbeitshilfen (PowerPoint-Sheets, Handouts, Kopiervorlagen etc.) als Download zur Verfügung. Gekennzeichnet sind diese durch das Pfeilsymbol direkt auf der Seite mit der jeweiligen Methode. Den Download-Link finden Sie in der hinteren Umschlagklappe.

Bevor es losgeht

„Es ist eine gefährliche Sache, Frodo, aus deiner Tür hinauszugehen. Du betrittst die Straße, und wenn du nicht auf deine Füße aufpasst, kann man nicht wissen, wohin sie dich tragen."

– J. R. R. Tolkien, Herr der Ringe –

Mit Führungstrainings bieten wir unseren Teilnehmenden die Möglichkeit, aus dem Fluss des Alltags zu steigen, um neue Erfahrungen zu machen. Wir als Trainerinnen und Trainer, Coachs und/oder Facilitators haben die Gelegenheit, die Arbeits- und Lebenswelten unserer Teilnehmenden und deren Mitarbeiterinnen und Mitarbeitern maßgeblich positiv zu beeinflussen.
Das birgt die große Verantwortung, die Zeit bestmöglich zu nutzen, die die Firmen/Organisationen und Teilnehmenden in einen Workshop oder ein Coaching investieren. In diesem Buch habe ich für Sie Methoden zusammengestellt, die in meiner Arbeit mit Führungskräften eine besonders ertragreiche Wirkung zeigen. Sie stammen aus meinen Führungskräfteentwicklungsprogrammen und haben sich über die Jahre entwickelt und bewährt.

Das Ziel

Mit diesem Buch möchte ich Ihnen ein schnell überblickbares Repertoire an Methoden zur Verfügung stellen, das Ihnen durch Kurzbeschreibungen, Anleitungsvorschläge und Visualisierungsideen einen hohen praktischen Nutzen bringt. Der Aufbau folgt dabei einer klassischen Workshop-Dramaturgie.
Wie auch für das Buch „Teamdynamik entwickeln, begleiten, gestalten" wünsche ich mir, dass Sie das Geschriebene nicht in Stein gemeißelt sehen. Es soll Sie dazu inspirieren, sich mit neuen Ideen und Methoden zu beschäftigen und neue Ansätze auszuprobieren.

Männer, Frauen und die Lesefreundlichkeit

Dieses Buch richtet sich selbstverständlich an alle Interessierten, ganz unabhängig von ihrem Geschlecht. Deshalb verwende ich in diesem Buch eine Sprache, die alle Leserinnen und Leser ansprechen soll. Aus diesem Grund nutze ich, so oft es geht und sofern es den Lesefluss und das inhaltliche Verständnis nicht behindert, neutrale Formulierungen oder beziehe beide Geschlechter mit ein.

Die Visualisierungen

Bei allen Methoden dieses Buches sind Visualisierungsideen abgebildet. Sie ermöglichen Ihnen, die jeweilige Übung schnell zu erfassen und die wichtigsten Punkte auf das eigene Flipchart zu bringen. Den jeweiligen Anleitungstext können Sie als Grundidee gerne verwenden. Alle grafischen Elemente, die Sie in diesem Buch finden, können Sie je nach Geschmack und Visualisierungsvermögen übernehmen, vereinfacht darstellen oder als Basis für eigene Ideen nutzen.

Präsenz und online

Seit dem Beginn der Corona-Pandemie Anfang des Jahres 2020 hat sich die Welt der Weiterbildung stark verändert. Online-Veranstaltungen waren auf einmal auch in den Generationen vor den Digital Natives notwendig und wurden für viele zum alltäglichen Medium. Langfristig werden sich wohl Präsenz- und Online-Formate mit ihren unterschiedlichen Stärken sinnvoll ergänzen.

In diesem Buch ist jede Methode prioritär für Veranstaltungen in Präsenz ausgelegt. Es ist jedoch meistens ein Leichtes, diese in den digitalen Raum zu übertragen. Für die Methoden, bei denen es zusätzliche Ideen für den Einsatz im digitalen Raum gibt, finden Sie am Ende des Buchs digitale Varianten. Zusätzlich stehen Ihnen unter den „Online-Ressourcen" für einen Großteil der Methoden PowerPoint-Folien für die digitale Durchführung zur Verfügung.

Quellenangaben

In zwei Jahrzehnten Trainertätigkeit sammeln sich allerlei Methoden an. Viele haben sich aus der eigenen Arbeit heraus entwickelt, andere habe ich bei Fortbildungen kennengelernt oder aus der Literatur übernommen. Falls vorhanden, habe ich Ihnen die Quellenangabe direkt bei der jeweiligen Methode vermerkt. Sollten Sie eine Quelle vermissen, melden Sie sich gerne per E-Mail. Ihr Hinweis wird dann in der nächsten Auflage berücksichtigt.

Zu guter Letzt

Wann immer ich mit dem Thema Führung in Berührung gekommen bin – ob als Mitarbeiter, in der Rolle der Führungskraft oder als Facilitator, Trainer oder Coach – immer hat mich fasziniert, wie unterschiedlich Führung sein kann und trotzdem funktioniert. Aber eines hatten die erfolgreichen Führungsstile immer gemeinsam: die Fähigkeit, tragende Beziehungen zu den Mitarbeitenden aufzubauen.

Gute Führungskräftetrainings verfolgen genau diesen Ansatz und bieten entsprechende Impulse, sich in diesem Bereich weiterzuentwickeln. Ich wünsche mir, dass Sie gerade für diesen Schwerpunkt viele Ideen aus diesem Buch nutzen. Es geht mir darum, Ihnen viele handlungsorientierte Methoden zur Verfügung zu stellen, in denen Ihre Teilnehmenden sich ausprobieren und reflektieren können und mit allen Sinnen Erfahrungen erleben, um das Gelernte in ihren Alltag mitzunehmen und einzusetzen.

Bieten Sie Ihren Teilnehmenden die Möglichkeit, weitab von ihrem beruflichen Alltag neue Wege zu erkunden. Ich hoffe, dieses Buch ermöglicht Ihnen hierfür eine Fülle an Inspirationen.

In diesem Sinne wünsche ich Ihnen viel Spaß beim Schmökern und freue mich jederzeit über Impulse, Ideen und Anregungen von Ihnen.

Herzliche Grüße, Ihr Tobias Seibel

1. Kapitel

Workshop-Einstieg

In diesem Kapitel

„Wo Informationen fehlen, wachsen die Gerüchte."

– Alberto Moravia –

Der Einstieg in einen Workshop ist mit dem Zuknöpfen eines Hemds vergleichbar: Wenn Sie mit dem falschen Knopfloch starten, dann holt sie der Fehler im weiteren Verlauf wieder ein. Deshalb ist es wichtig,

- die Informationen, die im Vorfeld gegeben werden,
- die Rahmenbedingungen und
- den Beginn

so aufzubauen, dass diese die prägenden Bedürfnisse der Teilnehmenden abdecken. Dabei geht es konkret um den Aufbau von Sicherheit und Vertrauen.

Deshalb ist es wichtig, frühzeitig und mit maximaler Transparenz zu informieren. Die Informationsweitergabe, z.B. über die Ziele der Veranstaltung, Inhalte, Veranstaltungsort, Trainerinnen und Trainer, Arbeitsweise etc., kann je nach Kontext im Vorfeld in Einzelgesprächen, über eine digitale oder analoge Informationsveranstaltung oder eine schriftliche Einladung stattfinden.

Gleichzeitig gilt es, im Voraus Rahmenbedingungen zu organisieren, in denen die Teilnehmenden und Sie als Trainer oder Trainerin sich wohlfühlen und die den Zielen der Veranstaltung, der Gruppensituation sowie dem Prozess dienlich sind. Es braucht demnach einen adäquaten Veranstaltungsort mit einem freundlichen Workshop-Raum, ausreichend Platz und stimmiger Atmosphäre. Kulinarische Aspekte spielen eine mindestens ebenbürtige Rolle. Zusammengefasst geht es darum, einen Rahmen zu organisieren, der einen wertigen Inhalt möglich macht.

In diesem Kapitel ist der Ablauf eines Einstiegs dargestellt, der eine gute Basis für eine erfolgreiche Veranstaltung ermöglicht. Natürlich bleibt die Welt bunt, und jeder Workshop hat individuelle Bedingungen, die Anpassungen notwendig machen.

Gerade in der Anfangsphase eines Workshops liegt der Fokus auf der Trainerin bzw. dem Trainer, und es braucht mehr Führung bzw. Vorgaben als in den anderen Phasen. Es geht vor allem darum, Orientierung und Struktur zu geben sowie Begegnungen zu ermöglichen. Hierzu finden Sie in allen Abschnitten zahlreiche Methoden für Ihre individuelle Workshop-Konzeption.

Orientierung geben

Am Anfang eines Workshops gilt es, mit den Teilnehmenden eine gute Basis für die Zusammenarbeit zu schaffen. Deshalb lohnt es sich, darauf zu schauen, wo diese zu Beginn stehen und was sie brauchen, um eine fördernde Atmosphäre zu erleben. In dieser ersten Phase braucht es vor allem Orientierung. Insbesondere bei einem Auftakt-Workshop, bei dem sich die Teilnehmenden nicht kennen, können folgende Fragen vorherrschend sein:

- Wie ist die Trainerin oder der Trainer?
- Wer ist noch hier?
- Was machen wir? Was sind die Ziele?
- Welche Regeln gelten hier? Wie arbeiten wir zusammen?
- Fühle ich mich wohl?
- Wie ist der konkrete zeitliche Rahmen? Gibt es Pausen?
- Was gibt es zu essen?

In diesem Kapitel wird ein möglicher Dramaturgieweg für die erste Workshop-Phase vorgestellt, der diese Punkte einbezieht.

Sobald die ersten Teilnehmenden in den Workshop-Raum kommen, stehen diese für die Trainerin oder den Trainer im Vordergrund. Das bedeutet – je nach Situation – Small Talk und/oder letzte Abstimmungen, bis alle anwesend sind.

Sobald alle Teilnehmenden im Stuhlkreis Platz genommen haben, startet der Workshop mit der Vorstellung der Trainerin bzw. des Trainers. Bei dieser Gelegenheit kann direkt geklärt werden, ob man sich innerhalb des Workshops mit „Du" oder „Sie" anspricht. Die Anredeform sollte möglichst früh geklärt werden. Dann folgt ein erstes kurzes Blitzlicht, in dem jede bzw. jeder Teilnehmende kurz ihren bzw. seinen Namen und Position sagt. Dies dient zum einen dazu, einen ersten Eindruck von den einzelnen Personen zu bekommen. Zum anderen fällt es den Teilnehmenden im weiteren Workshop-Verlauf leichter, sich einzubringen, wenn alle Anwesenden sich schon einmal vor der

Gruppe geäußert haben. Insbesondere Gruppenmitgliedern, die vom Wesen her eher zurückhaltend sind, fällt es so leichter, sich mit ihren individuellen Ideen und Statements zu beteiligen.

Die in diesem Kapitel dargestellten Inhalte sind nach folgendem Schema aufgebaut:

1. Kurzbeschreibung
2. Intro
3. Hintergründe sowie
4. Tipps

Index

AGENDA
Tag 1
Die Kunst der Wahrnehmung
Führungsschaltkreise
Kontaktstile in der Führung
Führen, coachen, begleiten
Mitarbeiter*innenmotivation

Unsere Agenda

Kurzbeschreibung

Mithilfe der Agenda wird ein Überblick über den geplanten Workshop-Verlauf gegeben.

Intro

„Nun eine kleine Übersicht über unseren Workshop-Tag. Nach unserem gemeinsamen Einstieg, bei dem mich Ihre Erwartungen interessieren und wir uns näher kennenlernen, starten wir mit der Kunst der Wahrnehmung. Dazu gebe ich Ihnen ein paar Informationen zur Wahrnehmungspsychologie, die für mich die wichtigste Basis ist, um Phänomene rund um Führung und Kommunikation begreifbar zu machen. Es folgt das Thema Führungsschaltkreise, bei dem wir auf die Gelingfaktoren der Führung schauen und gemeinsam Ideen zur Weiterentwicklung schaffen. Aufbauend besprechen und trainieren wir die Kontaktstile in der Führung. Hier werden wir uns, nahe am Führungsalltag, mit Führungsstilen, ich nenne sie gerne Kontaktstile, beschäftigen. Im Anschluss steht das Thema Führungskraft als Coach im Mittelpunkt. Hier werden wir dem Trend des agilen Managements gerecht, beleuchten und trainieren diesen Aspekt des Coachings aus der Position einer Führungskraft heraus. Zuletzt folgt das in der Regel meistgewünschte Thema in jedem Führungsworkshop: die Motivation der Mitarbeiterinnen und Mitarbeiter. Das sind die geplanten Inhalte. In Absprache – Sie wissen ja, wie ich arbeite – können wir Themen hinzunehmen, die sich aus Ihrer Einbringung heraus entwickeln. Falls wir heute etwas nicht schaffen, binden wir es an einem der anderen Tage mit ein. Haben Sie Fragen …?"

Hintergründe

Die Vorstellung der Agenda bietet einen Überblick über den Tag. Sie bewirkt Sicherheit, Transparenz und ermöglicht der Trainerin bzw. dem Trainer, Themen abzustimmen und Begeisterung für den Workshop-Tag zu schaffen.

Tipps

- Der Agenda-Überblick sollte kurzgehalten werden. In der Regel merken sich die Teilnehmenden an dieser Stelle wenig, da sie noch nicht viel mit den Inhalten verbinden.
- Hängen Sie die Agenda nach der Vorstellung in den Workshop-Raum, so haben die Teilnehmenden über den Tag eine gute Orientierung.
- Zusätzlich können Sie auf dem Flipchart abgeschlossene Themen abhaken. Bei aufwendigeren Flipcharts nehme ich hierfür gerne Stattys mit aufgezeichneten Haken, die sich leicht wieder entfernen lassen. So können die Flipcharts wiederverwendet werden.

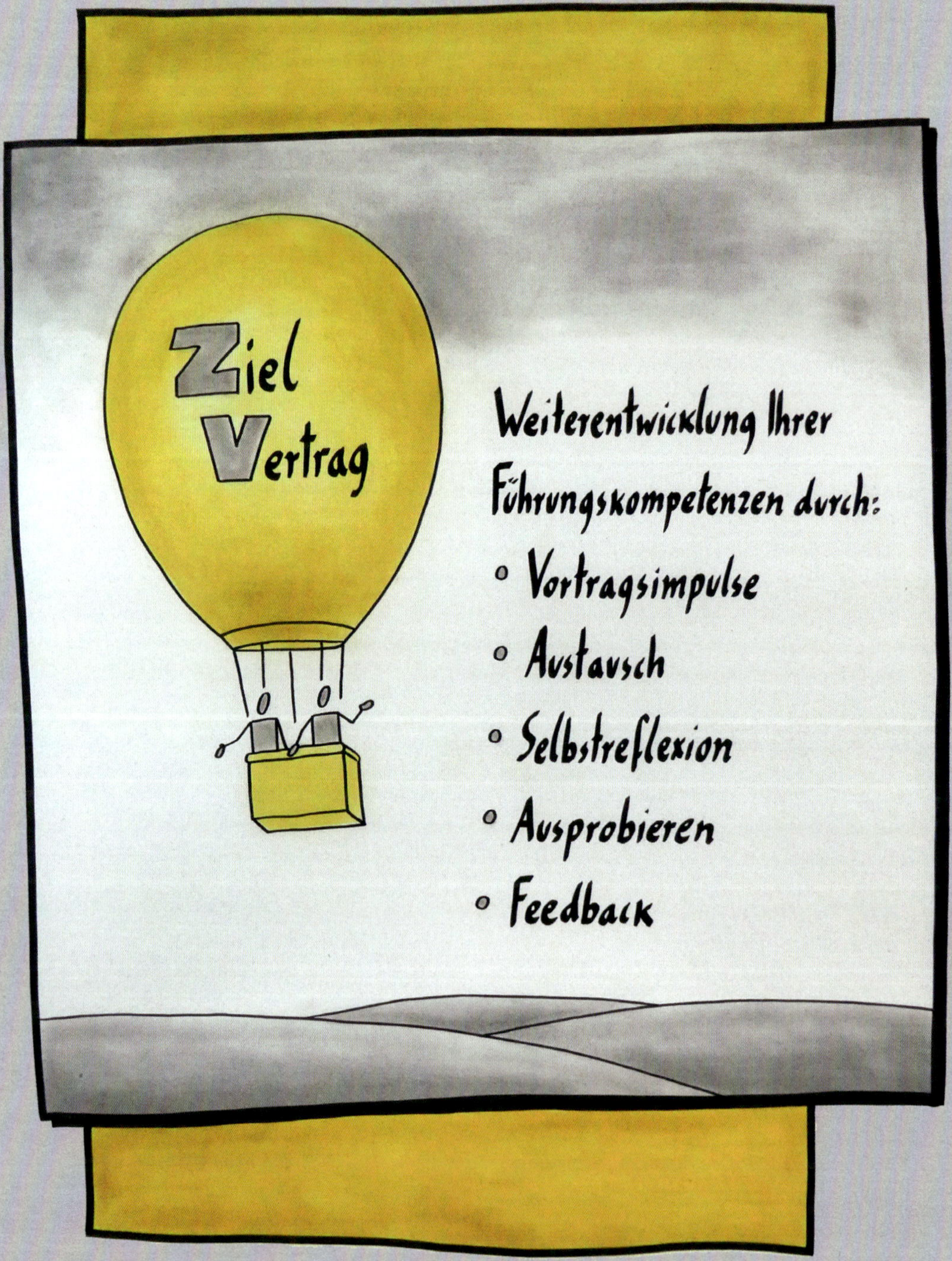
Ziel
Vertrag
Weiterentwicklung Ihrer
Führungskompetenzen durch:
Vortragsimpulse
Austausch
Selbstreflexion
Ausprobieren
Feedback

Zielvertrag

Kurzbeschreibung

Der Zielvertrag vermittelt den Teilnehmenden die inhaltliche Ausrichtung des Workshops und sorgt für Transparenz bezüglich der Arbeitsweise.

Intro

„Nun möchte ich gerne mit Ihnen den Zielvertrag durchsprechen. Der Schwerpunkt dieses Workshops liegt auf der Weiterentwicklung Ihrer individuellen Führungskompetenzen. Das ist unser Ziel. Passt das für Sie ...?

Perfekt. Nun zur Frage: Wie ist ein Workshop am effektivsten? Meine Erfahrung ist: Die größte Entwicklung geschieht selten während eines Vortrags. Sie geschieht vielmehr dann, wenn die Inhalte möglichst handlungsorientiert und praxisnah erlebt, reflektiert und auf die eigene Situation übertragen werden können. Wir werden daher viel praktisch miteinander arbeiten.

Informationen, die Ihnen ein Gerüst für die aufbauenden Workshop-Übungen und -Experimente bieten, wird es natürlich auch geben. Wir werden aber immer wieder Ihre Erfahrungen und Lösungsansätze nutzen, um miteinander und voneinander zu lernen. Sie erhalten immer wieder die Möglichkeit, das Erlebte zu reflektieren, und Sie werden viel ausprobieren und erproben. Haben Sie dazu noch Fragen oder Anmerkungen? ... Dann beginnen wir nun mit ..."

Hintergründe

Der Zielvertrag fasst die Ausrichtung des Workshops in wenigen Worten zusammen. Gemeinsam mit der Agenda bildet er die „Leitplanken" des Auftrags und sorgt für klare und transparente Absprachen.

Tipps

- Um sicherzugehen, dass der Zielvertrag für alle passt, bitten Sie um ein kurzes Handzeichen oder nehmen Sie mit jedem Teilnehmenden kurz reihum Augenkontakt auf.
- Befestigen Sie den Zielvertrag im Workshop-Raum an der Wand. Falls Themen aufkommen, die sich außerhalb Ihres Auftrags befinden, können Sie sich auf ihn beziehen.

So gelingt es

- Das Input-Output-Gesetz
- Sorgen Sie für sich
- Supermarktprinzip
- Smartphones
- Pausen und Rauchen
- Vertraulichkeit
- Themenspeicher und LOP-Liste
- Protokoll
- Workshopzeiten

Workshop-Kultur

Kurzbeschreibung

Die Teilnehmenden erhalten einen Überblick über die wichtigsten Workshop-Regeln.

Intro

„Ein wichtiger Punkt, bevor es losgehen kann, sind einige Regelungen, die die Rahmenbedingungen dieses Workshops verdeutlichen.

Das Input-Output-Gesetz besagt, dass all das, was Sie in eine Sache hineingeben, z.B. an Aufmerksamkeit, Mitdenken, Wortmeldungen usw., Sie auch wieder herausbekommen. Ein Beispiel: Stellen Sie sich vor, Sie gehen auf eine Party. Sie fahren ohne ein Mitbringsel hin, stellen sich in eine Ecke und schauen, was passiert. Der Spaß wird sich wahrscheinlich in Grenzen halten. Wenn Sie aber mit einem Fass „Limo" unterm Arm und Ihrem berühmten Kartoffelsalat in der Hand ankommen und sich dann ins Partyleben schmeißen, haben Sie wahrscheinlich mehr von dem Abend. So ähnlich verhält es sich auch mit einem Führungsworkshop: Sie bekommen das heraus, was Sie hineingeben.

Mir ist wichtig, dass Sie gut für sich sorgen. Es ist zu kalt, zu warm, bei Ihnen kommt gerade ein wichtiges Thema ins Gemüt? Melden Sie sich. Ihr Workshop lebt von dem, was Sie an Fragen und Ideen einbringen. Es ist niemandem gedient, wenn Sie heute um 16:00 Uhr sagen, dass Sie den ganzen Tag über gefroren haben oder Sie das Thema xy auch interessiert hätte. Melden Sie sich, dann gehen wir gerne auf Sie ein.

Kennen Sie das Supermarktprinzip? Alle Angebote, die Sie heute präsentiert bekommen, können Sie sich gerne anschauen und probieren, um dann eine erlesene Auswahl in Ihren Wagen zu packen. Wenn etwas gerade nicht passt, lassen Sie es einfach im Regal liegen.

Ich empfehle Ihnen, dass Sie Ihr Smartphone während des Workshops nicht nutzen. Es lenkt leicht ab und nimmt dem Workshop viel an Intensität und Wirksamkeit. Falls jemand dennoch sein Smartphone nutzt, gehe ich davon aus, dass es nicht anders geht.

Ich neige dazu, nicht immer die sinnvollen kleineren Pausen im Fokus zu haben. Wenn Sie eine Pause brauchen, mit Blick auf die Raucherinnen und Raucher, dann melden Sie sich gerne.

Eine wichtige Regel bei diesem Workshop ist, dass wir mit allem, was passiert, vertraulich umgehen. Das bedeutet konkret: Persönliches bleibt bitte in diesem

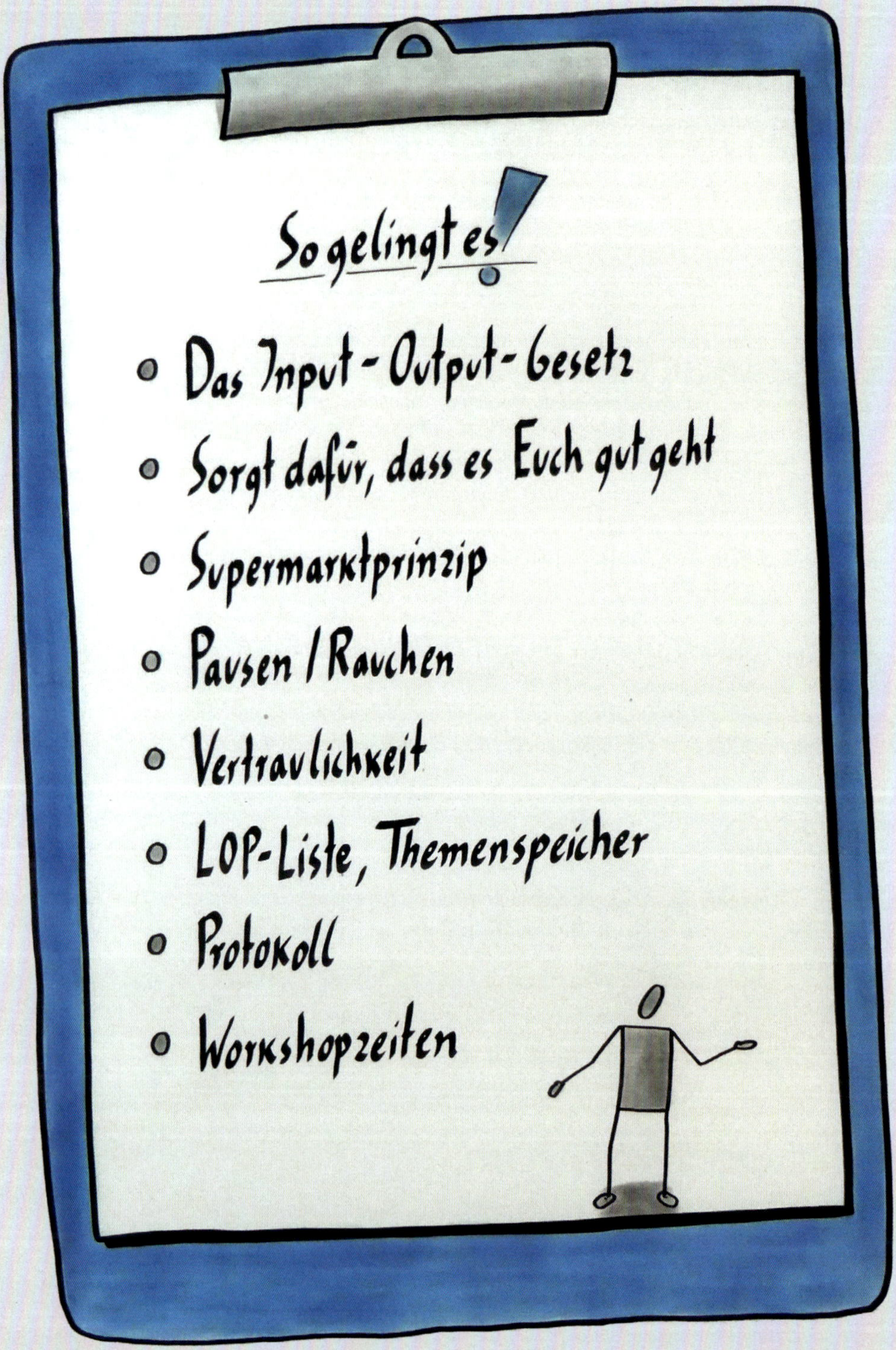
So gelingt es!
Das Input-Output-Gesetz
Sorgt dafür, dass es Euch gut geht
Supermarktprinzip
Pausen / Rauchen
Vertraulichkeit
LOP-Liste, Themenspeicher
Protokoll
Workshopzeiten

Raum. Methoden oder Vortragsinhalte können Sie gerne weitergeben. Sind damit alle einverstanden?

Ich habe hier einen Themenspeicher und eine LOP-Liste für Sie aufgehängt. Auf den Themenspeicher kommen z.B. Dinge, die wir in dem entsprechenden Moment nicht weiterbearbeiten können, die wir uns merken wollen oder die wir zu einem späteren Zeitpunkt noch einmal aufgreifen werden. Auf der LOP-Liste, also Liste-Offener-Punkte, notieren wir evtl. Arbeitsaufträge, die aus diesem Workshop heraus entstehen. Ich werde Ihnen nach dem Workshop ein Bildprotokoll zusenden, in dem Sie alles Relevante dieser Veranstaltung wiederfinden.

Zuletzt noch die Workshop-Zeiten. Heute steht um 12:00 Uhr das Mittagessen an und gegen 16:00 Uhr enden wir.

So viel zur Workshop-Kultur! Haben Sie noch Fragen?"

Hintergründe

Ein Überblick über die Regelungen gibt den Teilnehmenden Orientierung und die notwendige Sicherheit, um sich gut auf den Workshop einlassen zu können. Hier zeigt die Trainerin bzw. der Trainer, was ihr bzw. ihm besonders wichtig ist.

Tipp

Bringen Sie das Flipchart nach der Vorstellung im Workshop-Raum an, um sich darauf beziehen zu können.

Suchen Sie nicht nach Fehlern,
suchen Sie nach Lösungen!
Henry Ford

Wandplakate

Hintergründe

Über angebrachte Plakate an den Wänden des Workshop-Raums werden bestimmte Gedanken und Impulse (z.B. Zitate, Weisheiten, Kurzgeschichten) präsent. Durch die inhaltliche und visuelle Gestaltung der Plakate kann die Trainerin bzw. der Trainer den lernfördernden Rahmen der Veranstaltung ergänzen und die Stimmung positiv beeinflussen.

Tipps

- Die Wandplakate können am Ende des Workshops als „Abschiedsgeschenk" genutzt werden, beispielsweise in Form einer gedruckten Postkarte etc.
- Ein täglicher Austausch des Wandplakats bei mehrtägigen Workshops, passend zum Tagesthema, wirkt anregend und sorgt morgens für den ersten Gesprächsinhalt unter den Teilnehmenden.
- Hängen Sie ein Plakat mit besonders spannenden Inhalten, die für den Workshop-Tag geplant sind, an die Wand. Dadurch wecken Sie Neugierde und Interesse auf den Tag mit Ihnen.

Kennenlernen arrangieren

Das gegenseitige Kennenlernen stellt einen elementaren Baustein für einen Führungsworkshop dar. Durch die Übungen können die Teilnehmenden

- sich namentlich ansprechen,
- in einen ersten Austausch kommen,
- Informationen über die anderen Teilnehmenden gewinnen,
- Gemeinsamkeiten entdecken und
- ggf. sich selbst neu erleben.

Dies ist die Basis, um mit- und voneinander lernen zu können. Damit eine Methode wirklich gewinnbringend ist, braucht es ein gutes Maß an Einbringung, Offenheit und Vertrauen der Teilnehmenden. Deshalb ist das Kennenlernen, insbesondere vor dem Hintergrund der methodischen Planung, ein sehr wichtiger Bestandteil der Workshop-Dramaturgie.

Eine Frage, die mir immer wieder begegnet: Sollte man als Trainerin oder Trainer an den Übungen und Methoden teilnehmen? Aus meiner Sicht ist dies teilweise durchaus sinnvoll, da Sie so noch greifbarer für die Gruppe werden und Sie leichter Impulse für die jeweilige Methode setzen können. Wenn Sie als Trainerin oder Trainer beispielsweise bei einer Übung den Anfang machen, beeinflussen Sie durch Art und Umfang Ihres Beitrags die darauffolgenden Beiträge der Teilnehmenden. Wenn Sie zum Beispiel in der Vorstellungsrunde persönlicher werden, indem Sie etwas mehr über sich, ihre Familie etc. erzählen, werden in der Regel auch die nachfolgenden Beiträge entsprechend sein.

Für kurze Führungskräfteworkshops bieten sich insbesondere die Methoden „Dynamische Dialoge" und „Check-in" an, da diese die Erwartungsabfrage gleich mit einbinden. Bei der Arbeit mit Führungsteams lohnt es sich hingegen, mehr Zeit zu investieren. Für Führungsteams, die sich neu gebildet haben, sind die Methoden „Unser

Workshop-Einstieg" und „Memory" sehr hilfreich. Bei Führungsteams, die hingegen schon lange zusammenarbeiten, braucht es Übungen, die eventuell noch nicht so bekannte Aspekte einzelner Mitglieder hervorholen. Empfehlenswert sind dann zum Beispiel die Methoden „Würfeldynamik" oder „Bingo". Grundsätzlich ist es ratsam, immer mehrere Kennenlernmethoden parat zu haben, um auf die individuelle Gruppensituation im Workshop spontan eingehen zu können.

Index

mein Name
mein Lieblingsreiseziel
mein Lieblingsessen
mein Lieblingsfilm
mein Tipp zum Thema
das kann ich besonders gut
das verbindet mich mit dem Seminarthema
das sind meine Hobbys
so ist meine Laune

Einstiegsdialoge

Kurzbeschreibung

In Zweierteams interviewen sich die Teilnehmenden anhand vorgegebener Themenfelder gegenseitig. Es folgt eine Fragerunde in der Gesamtgruppe. Die Übung dient zum allgemeinen Kennenlernen und zum Themeneinstieg.

Aufbau

Die Trainerin bzw. Trainer teilt die vorgefertigten Fragebögen (DIN-A4-Fomat des aufgeführten Flipcharts) mit der Aufgabe an die Teilnehmenden aus, sich über 30 Minuten zu zweit über die vorgegebenen Punkte auszutauschen. Hierbei stellt eine Person die Fragen und schreibt die Antworten seines Partners bzw. seiner Partnerin auf. Nach 15 Minuten wird gewechselt. Im Anschluss werden die Blätter im Workshop-Raum aufgehängt und stehen zur allgemeinen Betrachtung bereit. Zuletzt bekommen alle Teilnehmenden die Gelegenheit, Fragen zu einzelnen Angaben zu stellen.

Intro

„Zunächst geht es darum, sich ein wenig besser kennenzulernen. Ich habe hier (die Trainerin bzw. der Trainer zeigt aufs Flipchart) einige Themen vorbereitet, über die Sie sich gleich zu zweit austauschen können. Sie haben insgesamt 30 Minuten Zeit, also 15 Minuten pro Person. Wenn ich Sie eingeteilt habe, suchen Sie sich bitte einen angenehmen Platz im Workshop-Raum oder außerhalb. Interviewen Sie sich bitte gegenseitig. Ich habe hier als Schreibvorlage dieses Flipchart als DIN-A4-Kopie. Nach 30 Minuten kommen wir hier wieder zusammen und machen eine kleine Vernissage. Vielleicht noch kurz zur ‚Launenskala' unten rechts: Wenn Ihre Laune aktuell nicht besser sein könnte, tragen Sie 5 Punkte ein. Schauen Sie noch einmal in Ruhe über das Flipchart. Haben Sie noch Fragen? … Dann zur Einteilung …"

Hintergründe

Die Fragen eignen sich sowohl für Teams, die sich schon länger kennen, als auch für Gruppen, die nur für diesen Workshop zusammengekommen sind. Zudem bieten sie einen guten Einstieg in das Führungsthema, da bereits Punkte wie „Führungstipps" oder „Verbindungen zum Seminarthema" enthalten sind.

Tipp

Gerade die Tipps zum Thema Führung laden zum Dialog ein. Nach der Vernissage kann die Trainerin bzw. der Trainer als Einstieg in eine Diskussion Fragen zu den Teilnehmerantworten einbringen.

Material

DIN-A4-Vordrucke des Flipcharts, Klemmbrett, Stifte, evtl. Malerkrepp zum Aufhängen der Blätter

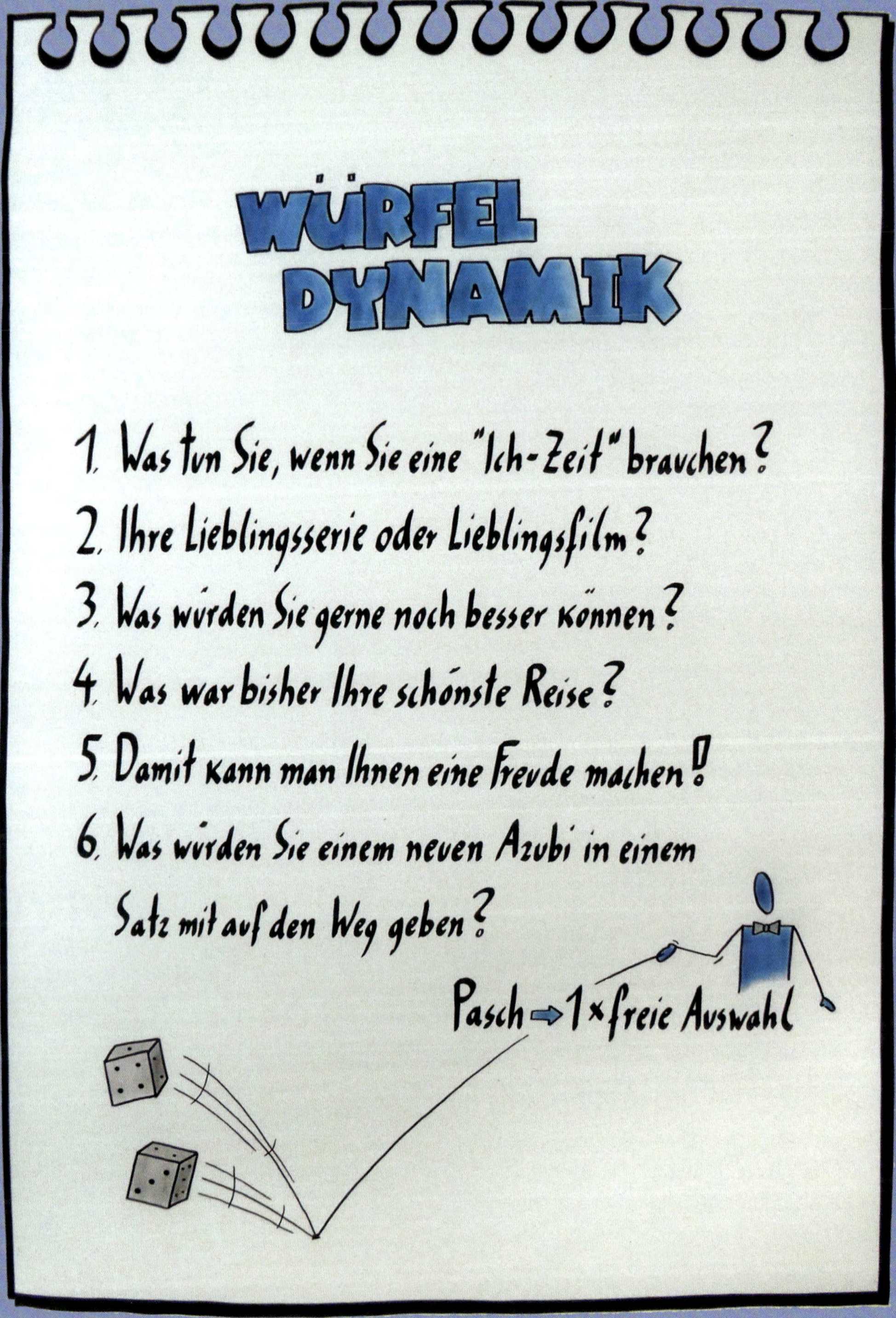
WÜRFEL DYNAMIK
1. Was tun Sie, wenn Sie eine "Ich-Zeit" brauchen?
2. Ihre Lieblingsserie oder Lieblingsfilm?
3. Was würden Sie gerne noch besser können?
4. Was war bisher Ihre schönste Reise?
5. Damit kann man Ihnen eine Freude machen!
6. Was würden Sie einem neuen Azubi in einem Satz mit auf den Weg geben?
Pasch → 1× freie Auswahl

Würfeldynamik

Kurzbeschreibung

Entsprechend ihres Würfelergebnisses beantworten die Teilnehmenden die auf einem Flipchart vorgegebenen Fragen.

Aufbau

Die Methode kann an Tischen oder im Stuhlkreis (in diesem Fall ist ein Würfelbecher, eine stabile Pappkarte oder ein Klemmbrett notwendig) durchgeführt werden. Die Teilnehmenden würfeln reihum mit zwei Würfeln und beantworten, je nach Ergebnis, die entsprechenden Fragen auf dem Flipchart. Bei einem Pasch kann der oder die Teilnehmende sich eine Frage aussuchen.

Intro

„Da Sie zum größten Teil schon lange zusammenarbeiten, habe ich für Sie etwas mitgebracht, um vielleicht noch das eine oder andere Unbekannte von Ihren Kolleginnen und Kollegen zu erfahren. Sie sehen auf diesem Flipchart sechs Fragen. Nacheinander würfelt jeder von Ihnen mit zwei Würfeln gleichzeitig. Je nach Ergebnis beantworten Sie die zwei entsprechenden Fragen. Bei einem Pasch können Sie sich eine Frage aussuchen. Vielleicht eine kurze Erläuterung zur ersten Frage: „Was tun Sie, wenn Sie eine ‚Ich-Zeit' brauchen?" Wie Sie sicherlich wissen, ist es gerade für Sie als Führungskraft wichtig, immer wieder die eigenen Ressourcen zu stärken. Ein wichtiger Punkt, den Sie hierfür immer wieder bewusst in Ihr Leben einbauen sollten, ist eine ‚Ich-Zeit'. Also Zeit, die Sie nur für sich verbringen. Das kann das Badminton-Training sein oder ein Spaziergang mit dem Hund. Hier geht es um Ihre persönlichen Life-Balance-Strategien. So, dann lassen Sie uns starten …"

Hintergründe

In der Arbeit mit Führungsteams, die schon lange zusammenarbeiten, sollte eine Methode zum Kennenlernen initiiert werden, die noch ein paar neue Informationen übereinander „herauskitzelt" und gleichzeitig nicht zu viel Zeit in Anspruch nimmt. Diese Übung bringt zudem Leichtigkeit, Spielspaß und Lockerheit in die Runde.

Tipp

Das Schöne bei dieser Übung ist, dass Sie als Trainerin oder Trainer die Möglichkeit haben, die Fragen nach Ihren Vorstellungen zu verändern. Sie können zum Beispiel workshopspezifische Schwerpunkte setzen wie auch firmenspezifische Fragen mit einbauen.

Material

Zwei Würfel, evtl. Becher, Pappkarte oder Klemmbrett

MEMORY
Ihr Name
Ihre Frage an andere Teilnehmer*innen

Memory

Kurzbeschreibung

Die Teilnehmenden schreiben ihren Namen und ihre Fragen, die sie den anderen zum Kennenlernen stellen möchten, auf Moderationskarten. Dann werden diese nacheinander gezogen und beantwortet.

Aufbau

Die Teilnehmenden sitzen im Stuhlkreis und schreiben ihren Namen auf eine weiße Moderationskarte. Diese Karte wird anschließend von der Trainerin bzw. dem Trainer eingesammelt, gemischt und mit der beschriebenen Seite nach unten in die Mitte des Kreises gelegt. Als Nächstes notieren die Teilnehmenden auf zwei roten Moderationskarten jeweils eine Frage, die sie gerne den anderen zum Kennenlernen stellen möchten. Diese Karten werden ebenfalls in die Mitte gelegt. Nun ziehen die Teilnehmenden nacheinander eine weiße und zwei rote Karten. Derjenige, der auf der Karte steht, beantwortet die beiden Fragen. Die Karten werden nicht zurückgelegt. Die Übung ist beendet, wenn keine Karten mehr auf dem Boden sind.

Intro

„Wir starten nun mit einem kleinen Warming-up. Ich habe hier für jeden eine weiße und zwei rote Karten. Auf die weiße Karte schreiben Sie bitte gleich Ihren Namen. Auf die roten Karten kommt bitte jeweils eine Frage, die Sie gerne an Ihre Mitstreiterinnen und Mitstreiter stellen möchten, wie zum Beispiel: ‚Was war Ihr schönstes Konzert?' Oder: ‚Welche berühmte Person möchten Sie gerne zum Essen einladen?' Diese beiden Fragen bitte weglassen, denn sonst haben wir vielleicht zu viele Dopplungen. Ich teile Ihnen nun die Karten aus. Wenn Sie eine Idee brauchen, wenden Sie sich an Ihren Nachbarn oder an mich. Noch Fragen? Dann los …"

Hintergründe

Diese Methode ist prädestiniert für kreative Gruppen. Je mehr einfallsreiche Fragen auftauchen, desto stärker lockern sie die Runde auf und bringen eine gute Stimmung in den Workshop. Durch die vielen unterschiedlichen Fragen wird der Austausch oft sehr spannend und kurzweilig.

Tipp

Die Trainerin oder der Trainer kann vorgeben, dass eine oder auch beide Fragen zum Thema Führung passen sollten.

Material

Weiße und rote Moderationskarten, evtl. Klemmbretter, Stifte

Quelle: Seifert/Göbel (2000): Games. GABAL Verlag, Offenbach.

Bingo!
sammeln Sie Unterschriften
wer zuerst fertig ist, ruft BINGO
Sie dürfen dabei nicht selbst unterschreiben.
Jeder Teilnehmende darf maximal 1x auf Ihrer Liste stehen.

Bingo

Kurzbeschreibung

Jeder Teilnehmende versucht, möglichst schnell Unterschriften von anderen Teilnehmerinnen und Teilnehmern auf einer Eigenschaftenliste zu sammeln. Der Erste, der fertig ist, ruft Bingo.

Aufbau

Die Trainerin oder der Trainer bereitet im Vorfeld eine Eigenschaftsliste mit Aussagen wie „Eine Person, die mit dem Fahrrad zur Arbeit kommt" oder „Eine Person, die Italienurlaube liebt" vor. Im Workshop erhält jedes Gruppenmitglied ein Klemmbrett mit der vorbereiteten Liste. Nun bewegen sich die Teilnehmenden frei im Raum und „ergattern" im Austausch bei einer passenden Aussage von jeder Person eine Unterschrift. Hierbei dürfen sie nicht selbst unterschreiben und jeder Anwesende darf nur einmal auf der Liste stehen. Der Teilnehmende, der zuerst die Unterschriften aller Anwesenden gesammelt hat, ruft „Bingo" und erhält einen Preis.

Intro

„Zum weiteren Kennenlernen spielen wir nun Bingo. Hier sehen Sie schon den Hauptpreis!" Die Trainerin bzw. der Trainer zeigt auf ein als Geschenk eingepacktes Paket. *„Ich teile Ihnen zum Start diese Klemmbretter aus. Sie sehen auf der Vorlage verschiedene Aussagen, zum Beispiel ganz oben: ‚Jemand mit einem ausgefallenen Hobby!' Ihre Aufgabe ist es, möglichst schnell von jedem Teilnehmenden eine Unterschrift bei einer Aussage zu bekommen, die auf ihn persönlich zutrifft. Sie brauchen also elf Unterschriften. Natürlich dürfen auch mehrere Personen bei der gleichen Aussage unterschreiben. Es sind mehr Sätze als Teilnehmende auf der Vorlage, um ein wenig Auswahl zu haben. Achten Sie bitte darauf, dass Sie nicht selbst unterschreiben dürfen und jede bzw. jeder andere Anwesende nur einmal. Wenn der erste ‚Bingo!' ruft, ist die Übung beendet."*

Hintergründe

Eine dynamische Kennenlernübung, die viel Spaß und Energie in den Raum bringt. Auf der Eigenschaftenliste sollten eineinhalbmal so viele Aussagen wie Teilnehmende sein.

Tipp

Sie können die Fragen an die Teilnehmenden und das Unternehmen anpassen. Für einen Gastronomiebetrieb könnte zum Beispiel folgender Satz sinnvoll sein: „Jemand, der eine Ausbildung zum Restaurantfachmann hat."

Material

Klemmbretter, Stifte, eine Vorlage für jeden Teilnehmenden, ein Geschenk (am besten passend zum Workshop-Kontext, hier z.B. Kompass oder Taschenlampe)

Unser Workshopeinstieg
zu Ihnen...
Was macht Ihnen Spaß und motiviert Sie, als Führungskraft zu arbeiten?
Was ist Ihre derzeit größte Herausforderung im Job?
Der heutige Tag ist für Sie gelungen, wenn...

Unser Workshop-Einstieg

Kurzbeschreibung

Die Teilnehmenden interviewen sich anhand vorgegebener Fragen und stellen sich anschließend gegenseitig der Gruppe vor.

Aufbau

Die Teilnehmenden werden in Zweiergruppen eingeteilt und bekommen die Aufgabe, sich gegenseitig mithilfe der Fragen auf dem Flipchart zu interviewen. Die Erwartungen an den Workshop-Tag (letzte Frage) schreibt der Interviewer stichwortartig auf Moderationskarten. Nach ca. 20 Minuten kommen wieder alle zusammen und die Zweierteams stellen sich gegenseitig im Plenum vor. Die Moderationskarten werden an eine Pinnwand geheftet und am Ende der Übung mit der Agenda abgeglichen.

Intro

„Nun geht es um ein kurzes, gegenseitiges Kennenlernen und Ihre Erwartungen an diesen Workshop. Ich teile Sie gleich in Zweiergruppen ein. Sie haben die Aufgabe, sich anhand der Fragen auf dem Flipchart gegenseitig zu interviewen. Sie können sich auf diesen Blättern Notizen machen (die Trainerin oder der Trainer verteilt Klemmbretter und Papier) *und auch gerne die Fragen als Vorlage* (DIN-A5-Kopien des Flipcharts) *mitnehmen. Schreiben Sie bitte die Ergebnisse der letzten Frage, in der es um Ihre Erwartungen an diesen Workshop geht, in Stichworten auf Moderationskarten. Bitte eine Erwartung pro Karte. Wir treffen uns in 20 Minuten wieder hier im Raum und Sie haben dann die Gelegenheit, sich gegenseitig der Gruppe kurz vorzustellen. Haben Sie Fragen? … Dann zur Gruppeneinteilung …"*

Hintergründe

Die Methode verbindet das Kennenlernen mit der Erwartungsabfrage. Die Präsentation durch die Partnerin oder den Partner dient nicht nur dazu, die betreffende Person der Gruppe vorzustellen. Vielmehr erhält die betreffende Person selbst ein spannendes, oft überraschendes Feedback, da der kurze Vortrag widerspiegelt, was der Partner bzw. die Partnerin verstanden hat und als erwähnenswert einordnet.

Tipp

Wenn es im Workshop um das Thema Präsentation geht, dann können die zuhörenden Teilnehmenden dem Vortragenden im Anschluss ein kurzes Feedback geben. Wichtig ist dann, dies zum Einstieg der Übung anzusagen.

Material

Moderationskarten, Stifte, Klemmbretter mit Block (für Interviewnotizen) und evtl. Kopien mit den Flipchart-Fragen

Dynamische Dialoge
Finden Sie eine Gemeinsamkeit
Erzählen Sie ein Arbeitshighlight
Besprechen Sie Ihre Erwartungen an den Tag

Dynamische Dialoge

Kurzbeschreibung

Eine Kennenlern- und Erwartungsabfrage, bei der in wechselnden Kleingruppen unterschiedliche Themen besprochen werden.

Aufbau

Die Teilnehmenden werden in drei Gruppen eingeteilt. Anschließend starten drei Gesprächsrunden. Bei jeder neuen Runde ändert sich sowohl die Gruppenzusammensetzung als auch das Gesprächsthema. Der zeitliche Rahmen pro Runde liegt bei sieben Minuten.

- *1. Runde:* Die Teilnehmenden werden angehalten, eine Gemeinsamkeit zu finden. Diese wird danach im Plenum vorgestellt.
- *2. Runde:* Jeder bzw. jede Teilnehmende erzählt ein Highlight, das er bzw. sie bei der Arbeit erlebt hat. Jede Gruppe einigt sich am Ende auf eine Geschichte, die anschließend im Plenum erzählt wird.
- *3. Runde:* Die Teilnehmenden besprechen ihre Erwartungen an den heutigen Tag. Diese werden von jeder Kleingruppe präsentiert und an einer Pinnwand befestigt.

Intro

„Ich teile Sie nun in Dreiergruppen ein und Sie versuchen, in den nächsten sieben Minuten eine Gemeinsamkeit zu finden, die Sie mit den anderen in Ihrer Gruppe verbindet." Zweite Runde: *„In unserer zweiten siebenminütigen Runde geht es um Ihre Arbeitshighlights. Bitte erzählen Sie sich nacheinander ein besonderes Erlebnis aus Ihrem Arbeitsalltag. Einigen Sie sich bitte am Ende auf eine Geschichte, die dann im Plenum vorgestellt wird. Suchen Sie sich nun bitte zwei neue Partnerinnen oder Partner."* Dritte Runde: *„In der letzten Runde besprechen Sie bitte Ihre Erwartungen an unseren gemeinsamen Tag. Ich teile Ihnen gleich Moderationskarten und Stifte aus. Bitte notieren Sie Ihre Ergebnisse in Stichworten. Pro Karte bitte eine Erwartung. Sie haben für Ihren Austausch wieder sieben Minuten Zeit. So, dann bitte wieder in neuer Konstellation …"*

Hintergründe

Durch den dreimaligen Gruppenwechsel können die Teilnehmenden schnell Beziehungen zu unterschiedlichen Personen aufbauen, was unmittelbar für eine bessere Atmosphäre sorgt. Auch in großen Gruppen ist dies von Vorteil, da die Teilnehmenden ihre aufgebaute Beziehung zu Einzelnen auf die Gesamtgruppe abstrahieren.

Tipp

Um einen möglichst klaren Arbeitsauftrag zu geben, sollte die Trainerin oder der Trainer die Aufgaben, die gerade nicht anstehen, auf dem Flipchart abdecken (z.B. mit einem Statty).

Material

Moderationskarten und Stifte, evtl. Statty

CHECK-IN
Ein paar Worte zu mir!
Das motiviert mich, hier zu sein!
Das möchte ich heute mitnehmen!

Check-in

Kurzbeschreibung

Eine kurze Kennenlernübung und Erwartungsabfrage für den schnellen Einstieg, z.B. in einem überbetrieblichen Workshop.

Aufbau

Die Teilnehmenden werden dazu angeleitet, sich sieben Minuten zu zweit mit ihrer Sitznachbarin bzw. ihrem Sitznachbarn auszutauschen. Hierbei stellen sie sich zuerst vor und sprechen dann über ihre Beweggründe, an dem Workshop teilzunehmen. Zuletzt tauschen sie sich darüber aus, was sie gerne aus der Veranstaltung mitnehmen möchten. Im Anschluss wird im Plenum ein Blitzlicht durchgeführt, in dem jede bzw. jeder Teilnehmende seine Ausführungen der Gruppe vorstellt. Die Trainerin oder der Trainer schreibt die Aussagen zum dritten Punkt auf Moderationskarten mit. Diese werden nach der Runde auf einer Pinnwand befestigt und mit der Agenda abgeglichen.

Intro

„Nun kommen wir zu unserer Einstiegsübung in diesen Workshop. Bitte besprechen Sie in den nächsten sieben Minuten mit Ihrer Nachbarin oder Ihrem Nachbarn diese drei Punkte (die Trainerin bzw. der Trainer zeigt auf den Flipchart)*: Zuerst sagt jeder bzw. jede bitte ein paar Worte zu sich. Im Anschluss geht es um Ihre Workshop-Motivation und zuletzt um die Frage, was Sie mitnehmen möchten. Danach werden wir ein Blitzlicht in der Großrunde durchführen, in der alle nacheinander etwas zu den drei Punkten sagen können. Haben Sie Fragen? … Dann zur Einteilung …“*

Hintergründe

Die Methode bietet einen schnellen Start, da sie Kennenlernen und Erwartungen zusammenbringt. Die vorgeschalteten Seitengespräche ermöglichen den Teilnehmenden, alle Punkte einmal durchzusprechen, bevor die Vorstellung vor der gesamten Gruppe beginnt. Hierdurch gewinnen sie an Sicherheit und Klarheit. Dieses Vorgehen ist vor allem für Führungskräfte hilfreich, die entweder neu in ihrer Rolle sind oder zum ersten Mal an einem Workshop teilnehmen.

Tipps

- Teilen Sie die Teilnehmenden durch kurze Handzeichen ein. Bilden Sie bei einer ungeraden Personenanzahl eine Dreiergruppe.
- Wenn die Teilnehmenden in einem Stuhlkreis sitzen, gelingen die Gespräche besser, wenn sie mit ihrem Stuhl ein wenig zurückrutschen und sich in einem 90-Grad-Winkel zu ihrem Partner bzw. ihrer Partnerin platzieren.

Material

Moderationskarten, Pinnwand

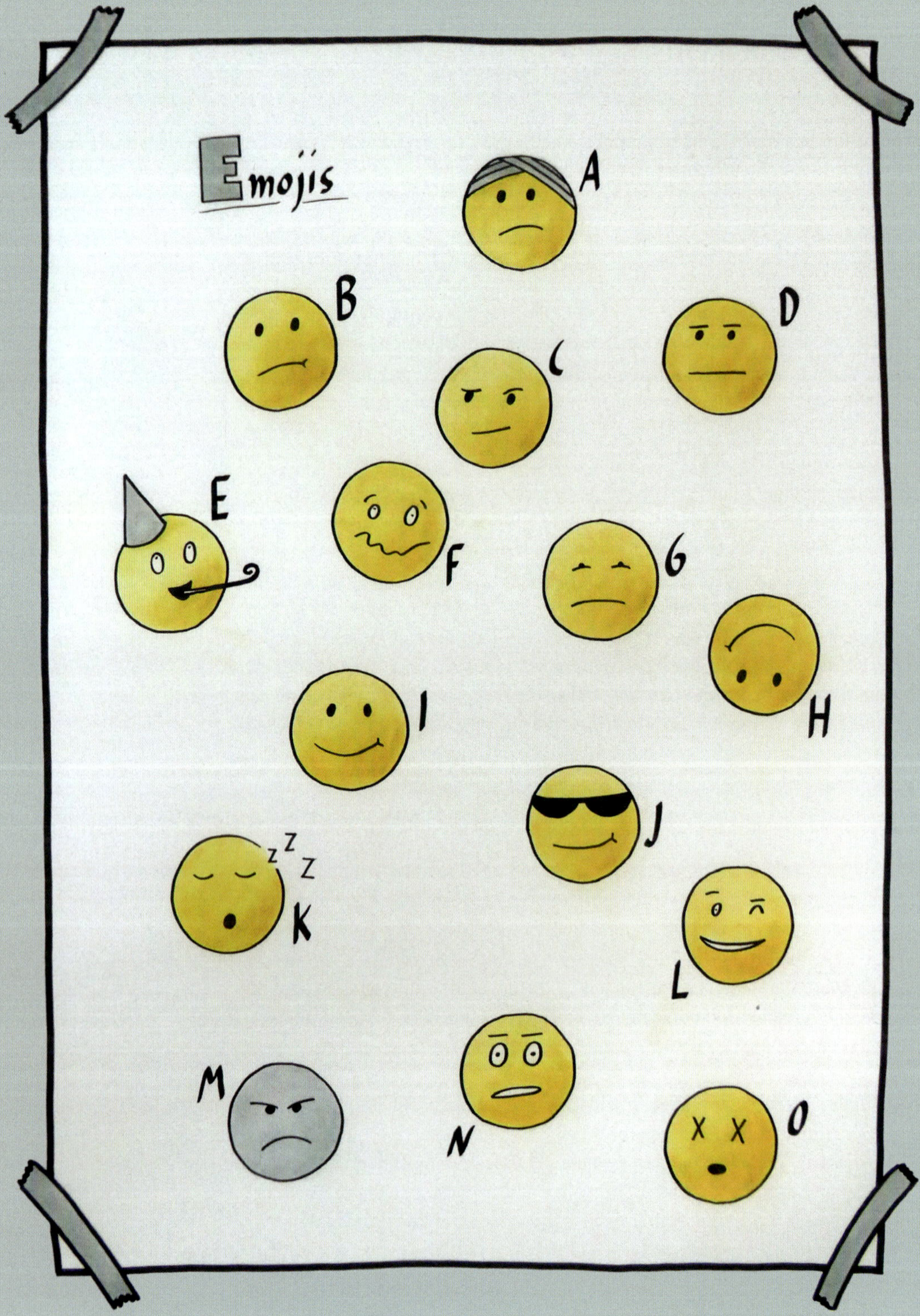
Emojis
A
B
C
D
E
F
G
H
I
J
K
L
M
N
O

Emojis

Eine kurze Startmethode, die die individuelle Befindlichkeit in den Vordergrund stellt. *Kurzbeschreibung*

Die Teilnehmenden werden gebeten, sich ein Emoji auszusuchen, das zu ihrer aktuellen Stimmung passt, und in einem Blitzlicht vorzustellen. *Aufbau*

„Zu Beginn möchte ich Sie einladen, sich ein Emoji auszusuchen, das heute Morgen zu Ihrem Gemütszustand passt. Schauen Sie sich alle in Ruhe an und suchen Sie sich eines aus. Hat jede bzw. jeder eines gefunden? Perfekt! Sie sehen neben jedem Emoji einen Buchstaben, den Sie nutzen können, damit jeder weiß, welches Emoji Sie meinen. Würden Sie starten Herr Appel?" *Intro*

Die kurzweilige Methode bietet einen kreativen Einstieg für Gruppen, die sich schon kennen. Sie greift dabei auf eine Bildsymbolik zurück, mit der die Teilnehmenden tagtäglich umgehen. Die Teilnehmenden können so viel von sich preisgeben, wie es gerade für sie stimmig ist. Gleichzeitig bekommt die Trainerin bzw. der Trainer einen guten Eindruck über das Gruppenbefinden. Die Methode eignet sich bei mehrtägigen Veranstaltungen, z.B. für den zweiten Morgen. *Hintergründe*

Tipps

- Wenn Sie das Visualisieren abkürzen mögen, dann drucken Sie Ihre Lieblingsemojis aus und kleben Sie diese auf das Flipchart.
- Eine Variante dieser Methode ist, dass alle Teilnehmenden das gerade vorgestellte Emoji abschließend bestmöglich nachahmen.
- Ich nutze diese Methode ebenfalls sehr gerne als Reflexionseinstieg nach Team- oder Führungsaktionen.

Fokussierung ermöglichen

Die Teilnehmenden kommen mit unterschiedlichen Themen, Erwartungen und Zielen in den Workshop. Durch die Fokussierungsphase wird der bzw. dem Einzelnen die Möglichkeit geboten, sich mit diesen Anliegen auseinanderzusetzen. Dies sorgt für mehr Klarheit und steigert die individuelle Motivation für den Workshop. Die Teilnehmenden nehmen wahr, dass nicht der Trainer oder die Trainerin, sondern sie selbst die wichtigste Rolle im Workshop spielen und diesen durch ihr Einbringen und Engagement entscheidend mitgestalten. Gleichzeitig dient die Phase der Fokussierung dazu, dass die Trainerin bzw. der Trainer sich besser auf die Gruppe einstellen und im Laufe des Workshops z.B. mit Praxisbeispielen eines Teilnehmenden eine Brücke zum individuellen Führungsalltag schlagen kann. Mit den in diesem Kapitel vorgestellten Übungen geben Sie all diesem Raum und schenken jeder Teilnehmerin und jedem Teilnehmer mit ihrem bzw. seinem Gepäck Aufmerksamkeit.

Bei der Fokussierung werden zunächst die Erwartungen und/oder Themen der Teilnehmenden in den Vordergrund gestellt, bei Bedarf priorisiert und in den Workshop-Ablauf einbezogen. Wenn Beiträge nicht in den allgemeinen Kontext des Workshops passen, ist es sinnvoll, diese auf einem gesonderten Flipchart (z.B. Themenspeicher) festzuhalten. Damit schätzen Sie als Trainerin bzw. Trainer es wert und es hat seinen Platz im Protokoll. Ein Themenspeicher-Flipchart hängen wir in jeder Veranstaltung im Workshop-Raum auf.

Mit der Methode „Zukunftsblicke" können Sie sehr praxisnahe Erwartungen evaluieren. Möchten Sie wissen, was Ihre Teilnehmenden an der vorgestellten Agenda besonders spannend finden, oder die individuellen Lernziele in den Mittelpunkt stellen, eignet sich die Methode „Perspektiven". Mit der „Speed Triade" stellen Sie die individuellen aktuellen Führungsthemen, Erwartungen und den konkreten Transfer in den Mittelpunkt.

Index

Woran erkennen Sie nächsten
Montag, dass der Workshop
ein Erfolg war?

Zukunftsblicke

Kurzbeschreibung

Ein Brainstorming, um die Erwartungen der Teilnehmenden an den Workshop zu skizzieren.

Aufbau

Die Teilnehmenden besprechen 15 Minuten lang zu zweit die auf dem Flipchart aufgeführte Frage und schreiben ihre Ideen auf Post-its. Im Anschluss werden diese präsentiert, mit der Gruppe diskutiert und geclustert.

Intro

„Nun möchte ich Ihre Erwartungen an unseren Workshop in den Fokus nehmen. Hierfür hat sich folgende Fragestellung als sehr ‚praxisnah' herausgestellt. Unser Workshop geht ja bis Freitag. Wenn Sie also am Montag wieder im Büro sind, woran würden Sie merken, dass der Workshop für Sie ein Erfolg war? Das können z.B. Antworten auf Fragen zum Thema Führung sein, die für Sie gerade eine Rolle spielen, Lösungen für spezielle Projekte oder für bestimmte Situationen mit Ihren Mitarbeiterinnen oder Mitarbeitern. Ich gebe Ihnen 15 Minuten Zeit, danach stellen Sie gerne Ihre Punkte vor. Notieren Sie bitte jedes Stichwort auf einem Post-it. Haben Sie Fragen? … Dann suchen Sie sich nun gerne jemanden, mit dem Sie sich austauschen mögen."

Nach 15 Minuten: *„Bitte stellen Sie nun nacheinander Ihre Punkte vor und kleben Sie das entsprechende Post-it auf das Flipchart."*

Nach der Präsentation: *„Wie geht es Ihnen mit der Sammlung? … Nun geht es darum, die Themen, die zusammengehören, zu clustern und die Ergebnisse dann mit unserer Agenda abzustimmen."*

Hintergründe

Die Wunderfrage: „Angenommen, während du schläfst, geschieht ein Wunder und dein Problem ist gelöst. Woran würdest du das am nächsten Morgen bemerken?" Die Frage aus der Lösungsorientierten Gesprächsführung bietet die Grundidee dieser Erwartungsabfrage und bringt wundervoll konkrete Antworten ans Licht.

Tipp

Bei längeren Workshops können die Zweiergruppen diese Frage mit entsprechend mehr Zeit auch während eines Spaziergangs beantworten. Das sorgt oft für noch bessere Gespräche und Ergebnisse.

Material

Post-its, Stifte

Perspektiven
1. Welche Agendapunkte sind mir besonders wichtig?
2. Was möchte ich hier lernen, üben, ausprobieren?
maximal 3 pro Person
jeweils eine Moderationskarte

Perspektiven

Kurzbeschreibung

Die Teilnehmenden erarbeiten in Kleingruppen ihre individuellen Themenschwerpunkte für den Workshop und stellen ihre eigenen Lernziele in den Fokus.

Aufbau

Die Trainerin bzw. der Trainer teilt die Teilnehmenden in Kleingruppen ein. Diese werden gebeten, sich zu den auf dem Flipchart aufgeführten Fragen insgesamt 20 Minuten auszutauschen. Bei der zweiten Frage werden maximal drei Aspekte pro Person auf jeweils eine weiße Moderationskarte geschrieben. Zurück im Plenum präsentiert jede bzw. jeder Teilnehmende seine Ergebnisse an der Pinnwand.

Intro

„Nun stehen Ihre Erwartungen im Vordergrund. Dazu können Sie sich in Kleingruppen die Agenda für die nächsten drei Tage noch einmal anschauen und sich darüber austauschen, welche Themen für jede Einzelne bzw. jeden Einzelnen von Ihnen besonders wichtig sind. Ich habe für Sie als Hilfestellung unser Programm-Flipchart an der Wand angebracht. In Ihrer Kleingruppe sprechen Sie danach bitte darüber, was jeder von Ihnen persönlich lernen, üben oder ausprobieren möchte. Gehen Sie hierfür gerne Ihren Führungsalltag durch: Was sind Themen, über die Sie im Rahmen unserer Agenda mehr erfahren wollen? Gibt es etwas, das Sie üben oder ausprobieren möchten? Diese Punkte notieren Sie bitte auf weißen Moderationskarten. Jede Person notiert bitte maximal drei Aspekte. Nutzen Sie bitte für jeden Punkt eine Moderationskarte. Sie haben 20 Minuten Zeit, dann treffen wir uns wieder hier im Plenum und jeder von Ihnen präsentiert eine Zusammenfassung seiner Ergebnisse an der Pinnwand. Haben Sie noch Fragen? Dann zur Gruppeneinteilung ...“

Hintergründe

Die Fokussierung auf die eigenen Interessen ermöglicht es der Trainerin bzw. dem Trainer, besser einzuschätzen, wo die thematischen Schwerpunkte liegen sollten. Gleichzeitig entwickeln und benennen die Teilnehmenden ihre persönlichen Lernziele.

Tipp

Bereiten Sie zur Präsentation eine Pinnwand mit den Namen der Teilnehmenden vor, so können Sie im Workshop leichter auf die individuellen Lernziele zurückkommen.

Material

Pinnwand (evtl. mit Namen der Teilnehmenden), weiße Moderationskarten, Marker, evtl. Flipchart-Kopien

Speed Triade
Welche Führungsthemen beschäftigen Sie aktuell?
Welche Erwartungen haben Sie an den Workshop?
Was möchten Sie aus diesem Workshop mitnehmen?
3 Runden je 7 Minuten

Speed Triade

Kurzbeschreibung

Die Teilnehmenden besprechen in Kleingruppen nacheinander drei Fragestellungen, die sich auf die eigenen Erwartungen an den Workshop beziehen.

Aufbau

Im Workshop-Raum werden vorab von der Trainerin bzw. dem Trainer drei Flipchart- oder Pinnwandstationen mit jeweils einer der auf dem Flipchart (siehe links) aufgeführten Fragestellungen aufgebaut. In der Übungssequenz werden die Teilnehmenden in drei Kleingruppen eingeteilt und rotieren in einem Sieben-Minuten-Rhythmus von Station zu Station. An jedem Flipchart tauscht sich die jeweilige Gruppe zu der dort aufgeführten Frage aus und notiert die wichtigsten Ergebnisse. Nach der letzten Runde werden die Notizen besprochen und mit den geplanten Inhalten abgeglichen.

Intro

„In unserer nächsten Übung liegt der Schwerpunkt auf der gemeinsamen Ausrichtung dieses Workshops. Wir haben eine Agenda mit den abgesprochenen Themen. Innerhalb dieses Rahmens sind wir flexibel und können frei arbeiten. Nun geht es darum, herauszuarbeiten, was Ihnen wichtig ist. Hierfür habe ich auf diesem Flipchart drei Fragen dargestellt, die Sie gleich in drei Kleingruppen bearbeiten werden. Die erste ist: ‚Welche Führungsthemen beschäftigen Sie aktuell?' Dann folgt der Klassiker: ‚Welche Erwartungen haben Sie an den Workshop?' Gibt es etwas, das Sie sich vom Thema, von der Gruppe oder von mir wünschen? Der letzte Punkt geht einen Schritt weiter. Hier ist die Frage, was Sie aus diesem Workshop mitnehmen möchten, also mit welchen Ideen, Fähigkeiten etc. möchten Sie am Freitag aus dem Workshop herausgehen. Ich habe in diesem Raum drei Flipchart-Stationen mit jeweils einem Schwerpunkt aufgebaut. Ich teile Sie gleich in drei Kleingruppen ein und dann rotieren Sie im Sieben-Minuten-Rhythmus. Noch Fragen? ..."

Hintergründe

Die Methode ist insbesondere in mehrtägigen Workshops gut anzuwenden. Zudem finden sich auf diese Weise immer sehr viele Themen und Geschichten, die den Workshop bereichern.

Tipp

Gehen Sie in die Kleingruppen und unterstützen Sie bei Bedarf den Austausch mit Fragen und evtl. auch eigenen Erfahrungen.

Material

Drei Flipcharts oder Pinnwände (alternativ Malerkrepp zum Anbringen von Flipchart-Bögen an die Wände)

Themeneinstieg zelebrieren

In diesem Kapitel sind Methoden aufgeführt, die es ermöglichen, auf Basis der Erfahrung der Teilnehmenden mit dem Thema Führung in den Hauptteil einzusteigen. Dieses Vorgehen hat die Vorteile, dass

- die Teilnehmenden sich noch besser kennenlernen,
- eine offene Gesprächskultur angeregt wird,
- das Voneinander-Lernen gefördert wird,
- das Vertrauen innerhalb der Gruppe wächst und
- Sie als Trainerin oder Trainer mehr über die Führungswirklichkeit der Anwesenden erfahren.

Gleichzeitig stärken Sie die individuelle Motivation für den Workshop, indem die bzw. der Einzelne ihre bzw. seine spezifischen Themen in den Workshop einbringen kann. Dieser Prozess wurde bereits durch das Kennenlernen und die Fokussierung gefördert und wird nun mittels dieser erfahrungsbasierten Methoden weiter vertieft. Sind die Sinne für den individuellen Bedarf geschärft, so steigert dies Motivation, Beteiligung und damit den Lernerfolg. Die Teilnehmenden machen „die richtigen Schubladen auf", indem sie persönliche Bezüge zum Thema herstellen, ihren eigenen Standort besser einschätzen können, Betroffenheit erleben und sich Vorerfahrungen (wieder) bewusst machen.

Die meisten Methoden dieses Kapitels arbeiten mit den Erfahrungen der Gruppe. Lediglich die Übung „Positives Spekulieren" ist etwas anders konzipiert: Hier steht das positive Feedback zu den angenommenen individuellen Führungsqualitäten im Mittelpunkt.

Tipp: Wenn die Einstiegsphase schon relativ lang und gruppenintensiv war, binde ich vor dem nun anstehenden Themeneinstieg gerne einen ersten Vortragsimpuls ein. Dieses Vorgehen sorgt für Abwechslung, stellt die „Wissenshungrigen" unter den Teilnehmenden zufrieden und ermöglicht, erste Anregungen in die Gruppe zu geben.

Index

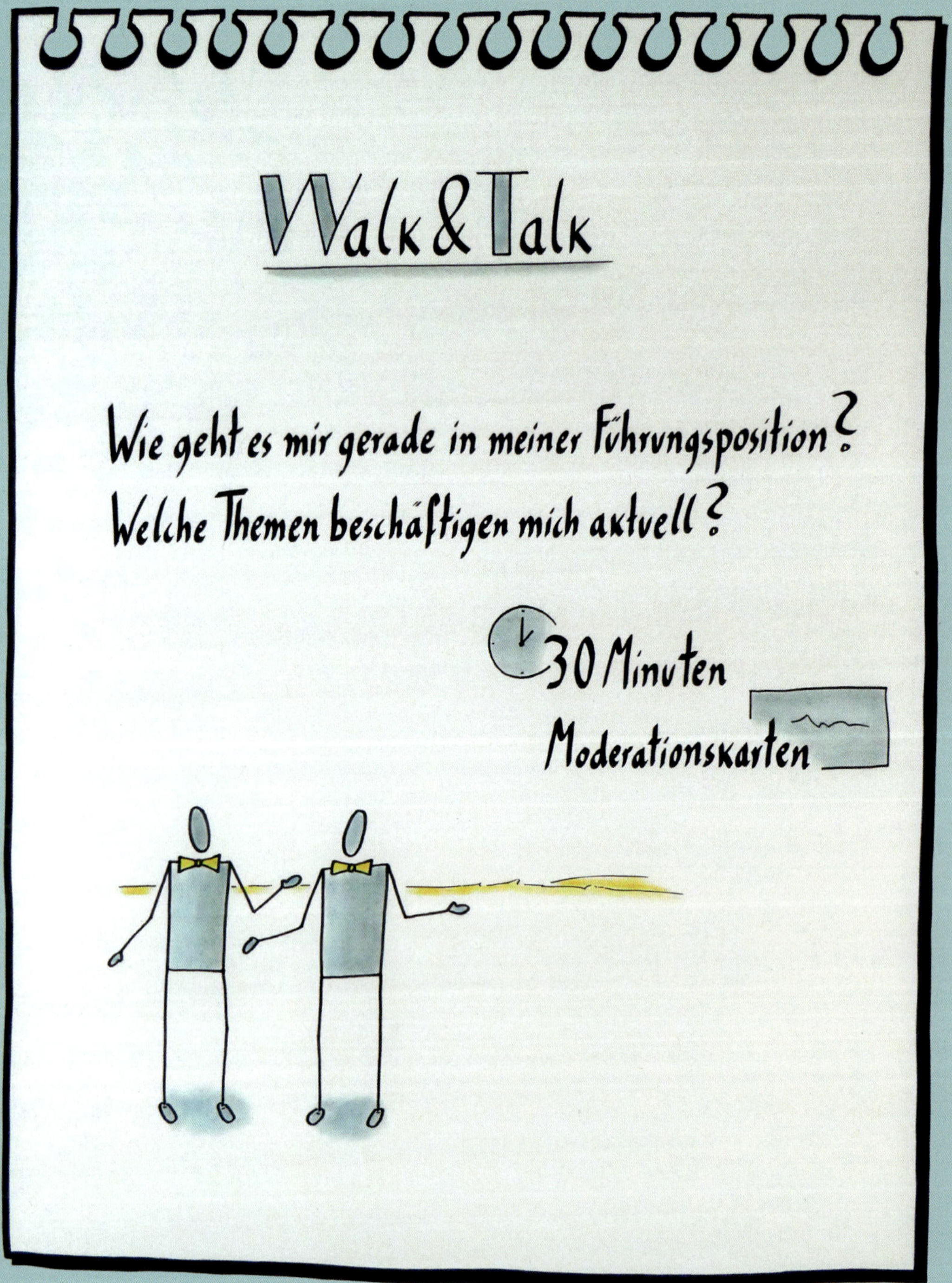
Walk & Talk
Wie geht es mir gerade in meiner Führungsposition?
Welche Themen beschäftigen mich aktuell?
30 Minuten
Moderationskarten

Walk & Talk

Kurzbeschreibung

Im Rahmen eines Spaziergangs besprechen die Teilnehmenden ihre aktuelle Führungssituation. Im Anschluss wird mit den erörterten Themen weitergearbeitet.

Aufbau

Zum Einstieg in das Themenfeld Führung werden die Teilnehmenden eingeladen, sich zu zweit bei einem Spaziergang über 30 Minuten auszutauschen. Die beiden Leitfragen auf dem Flipchart (siehe links) werden ihnen hierbei an die Hand gegeben. Wenn die Zweiergruppen zurückkommen, schreibt jede Person die wichtigsten Gesprächsinhalte stichpunktartig auf Moderationskarten und bringt diese im Rahmen einer kurzen Präsentation an einer Pinnwand an. Es folgt ein Dialog in der Gesamtgruppe.

Intro

„Nachdem wir uns kennengelernt haben, würde ich gerne den wunderschönen Morgen nutzen und Sie auf einen Austausch einladen. Ich teile Sie gleich in Zweiergruppen ein und Sie sprechen bitte in einem 30-minütigen Spaziergang über folgende Fragestellungen: Wie geht es mir gerade in meiner Führungsposition? Und: Welche Themen beschäftigen mich aktuell? Wenn Sie dann wieder zurück sind, haben Sie noch genug Zeit, um die Aspekte, die Sie in die Gruppe einbringen wollen, auf Moderationskarten zu schreiben. Haben Sie Fragen? Dann zur Gruppeneinteilung …"

Hintergründe

Eine sehr gute Methode, um einen intensiven Einstieg zu finden. Gleichzeitig ist es möglich, z.B. bei überbetrieblichen Führungsworkshops, teilnehmerorientiert Themen zu generieren und in den Workshop einfließen zu lassen.

Tipps

- Achten Sie darauf, dass eventuelle Diskussionen im Rahmen der Präsentation nicht ausufern. Sinnvoller ist es, danach in die entstandenen Themen einzutauchen.
- Handelt es sich bei dem Workshop um eine innerbetriebliche Veranstaltung, sollten Sie bei der Vorstellung der Übung betonen, dass es dabei nur um die Themen geht, die den eigenen Einflussbereich betreffen. Ansonsten kann es passieren, dass Themen aufkommen, die mit dem eigentlichen Auftrag nicht kompatibel sind.

Material

Moderationskarten, Stifte und evtl. DIN-A5-Kopien der Aufgabenstellung für den Austausch

POSITIVES SPEKULIEREN
Nacheinander findet ein positives Spekulieren darüber statt, was Sie alles an Qualitäten und Kompetenzen als Führungskraft haben.
Zeitwächter bestimmen
Jeder ist 5 Minuten im Fokus
"Ich höre"
Keine Diskussion / Deutung
Alles bleibt in der Kleingruppe!

Positives Spekulieren

Kurzbeschreibung

Jedes Kleingruppenmitglied erhält ein Feedback bezüglich der jeweiligen vermuteten Führungsqualitäten.

Aufbau

Die Teilnehmenden finden sich zu dritt oder viert zusammen. Zuerst wird innerhalb der Kleingruppe eine Person gewählt, die auf die Einhaltung der Zeit achtet. Dann einigt sich die Gruppe darauf, welches Mitglied zuerst im Fokus steht und Feedback von allen anderen Kleingruppenteilnehmenden erhält. Die ausgewählte Person startet mit den Worten „Ich höre" und erhält über fünf Minuten Rückmeldungen über die vermuteten Führungsqualitäten. Anschließend ist die bzw. der Nächste an der Reihe.

Intro

„In der nun folgenden Übung gehen Sie in Kleingruppen zusammen und spekulieren jeweils fünf Minuten darüber, welche Qualitäten und Kompetenzen wohl jeder bzw. jede Einzelne von Ihnen als Führungskraft hat. Wichtig ist, dass Sie zunächst einen Zeitwächter bestimmen, der auf die Einhaltung der Fünf-Minuten-Regel achtet. Dann entscheiden Sie, wer anfängt. Diese Person gibt das Startsignal mit dem Ausruf „Ich höre". Nun erhält sie von jeder bzw. jedem anderen aus der Kleingruppe Feedback. Wichtig ist, dass das Feedback nicht diskutiert wird. Und: Alles, was innerhalb der Kleingruppe gesagt wird, bleibt innerhalb der Kleingruppe.

Um die Aufgabe für Sie noch greifbarer zu machen, würde ich gerne ein Beispiel geben: Frau Müller, bei Ihnen kann ich mir gut vorstellen, dass Sie sehr fachkompetent und gleichzeitig herzlich führen. Sie wirken auf mich sehr ausgeglichen und mein bisheriges Bild von Ihnen ist, dass Sie Ihren Mitarbeitenden viel Sicherheit geben und jederzeit mit Rat und Tat zur Seite stehen. Okay? … Dann sehen wir uns um 11:30 Uhr wieder hier im Raum. Nun zur Gruppeneinteilung …"

Hintergründe

Die Methode eignet sich für Gruppen, die sich noch nicht kennen. Sie schafft durch das durchweg positive Feedback eine gute Atmosphäre. Die Teilnehmenden bauen weitere „Brücken" zur Gruppe auf.

Tipp

Bei dieser Methode ist es in der Regel nicht notwendig und evtl. sogar störend, wenn Sie als Trainerin bzw. Trainer zwischendurch in die Kleingruppen gehen.

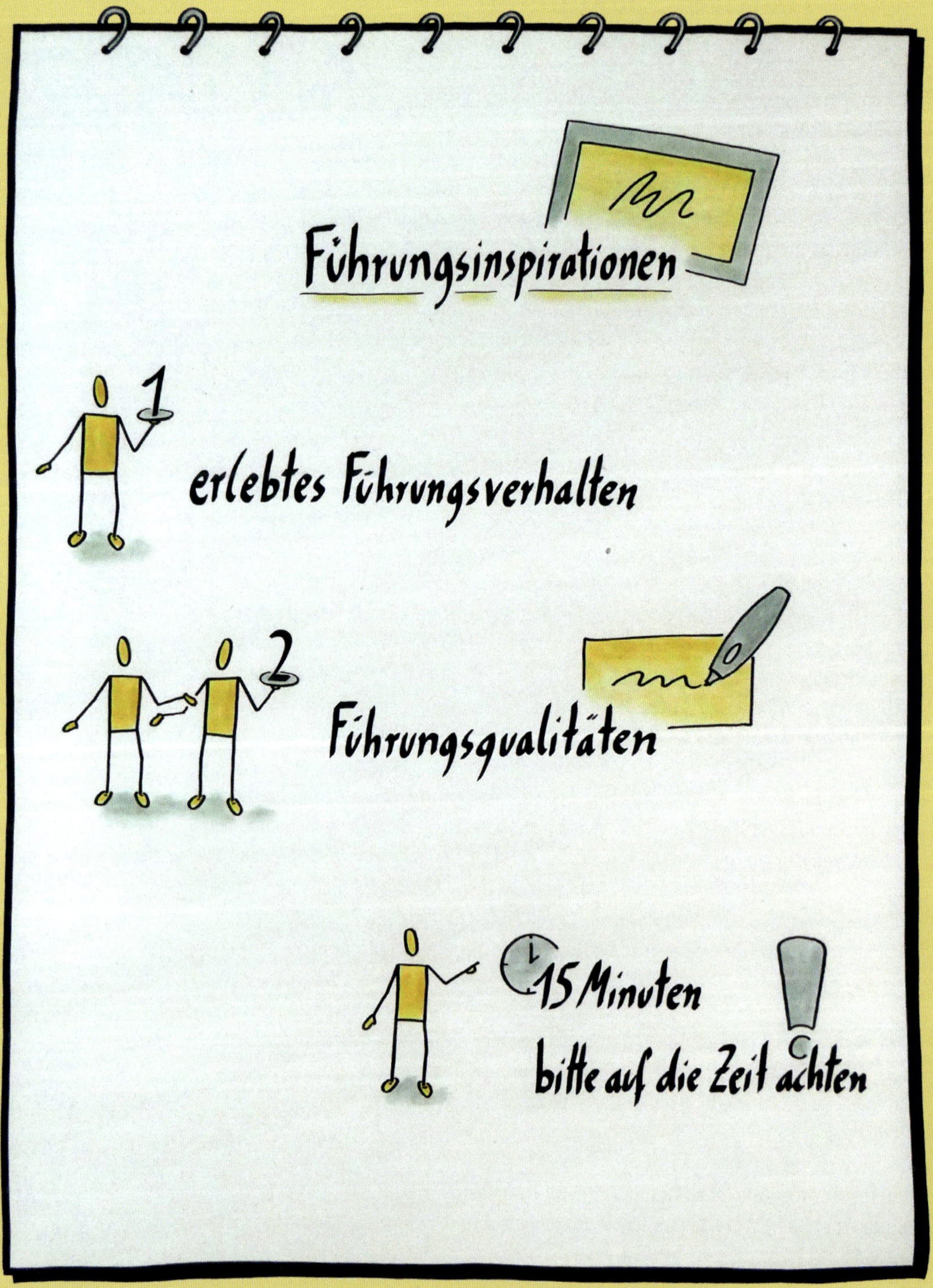
Führungsinspirationen
1
erlebtes Führungsverhalten
2
Führungsqualitäten
15 Minuten
bitte auf die Zeit achten

Führungsinspirationen

Kurzbeschreibung

In Kleingruppen wird erlebtes Führungsverhalten besprochen. Gemeinsam werden daraus Führungsqualitäten abgeleitet.

Aufbau

Die Teilnehmenden werden in Kleingruppen eingeteilt und erhalten folgende, aus zwei Teilen bestehende Aufgabe: Im ersten Schritt erzählt jeder von persönlich erlebtem positiven wie auch negativen Führungsverhalten. Im zweiten Schritt werden auf der Basis der Geschichten Führungsqualitäten generalisiert und auf Moderationskarten notiert. Dafür stehen 15 Minuten zur Verfügung. Im Anschluss stellen die Kleingruppen ihre Ergebnisse im Plenum vor.

Intro

„Zum Einstieg in das Thema Führung möchte ich mit Ihnen auf der Basis Ihrer persönlichen Erfahrungen arbeiten. Mir geht es darum, herauszuarbeiten, was eine gute Führungskraft ausmacht bzw. welche Qualitäten sie hat. Hierfür arbeiten wir über 15 Minuten in Kleingruppen. Aufgabe ist es zuerst, sich über selbst erlebtes, positives oder negatives Führungsverhalten auszutauschen. Jede bzw. jeder von Ihnen kann sicherlich kurz über ein oder zwei Führungssituationen berichten. Überlegen Sie nach jeder Geschichte, welche wünschenswerten Führungsqualitäten Sie aus dem Gehörten ableiten können und schreiben Sie diese als Schlagworte auf Moderationskarten. Achten Sie bitte darauf, sich nicht in Diskussionen zu verfangen. Haben Sie Fragen? … Dann zur Gruppeneinteilung!“

Hintergründe

Die Methode ermöglicht einen spannenden Austausch über wünschenswerte Qualitäten einer Führungskraft. Wichtig ist, diese kontextbezogen zu sehen. Der Küchenchef braucht andere Qualitäten als die Leiterin einer Werbeagentur.

Tipps

- Um aus der Aufgabe einen größeren persönlichen Transfer herauszuziehen, können Sie abschließend die Teilnehmenden bitten, sich die drei Qualitäten zu notieren, die sie bereits gut integriert haben, sowie die drei, die sie noch mehr entwickeln und ausprobieren möchten.
- Eine Möglichkeit, die Methode abzurunden, ist, eine Priorisierung aus Mitarbeiterperspektive vorzunehmen. Zum Beispiel über Klebepunkte. Beispielfragestellung: „Welche drei Qualitäten würden Sie aus Mitarbeitersicht als am wichtigsten ansehen?“

Material

Moderationskarten, Stifte, wenn eine Variante aus den Tipps umgesetzt wird: Pinnwand

Mein Bild von Führung
Zeichnen Sie ein Bild, in dem Sie zum Ausdruck bringen, was Führung für Sie auszeichnet, bedeutet oder beinhaltet.

Mein Bild von Führung

Kurzbeschreibung

Die Teilnehmenden zeichnen ihr Bild zum Thema „Führung“ und stellen es im Anschluss vor.

Aufbau

Die Teilnehmenden erhalten zum Workshop-Einstieg die Aufgabe, ein Bild zu zeichnen, in dem sie ausdrücken, was Führung für sie auszeichnet, bedeutet oder beinhaltet. Hierfür bekommen sie 10 Minuten Zeit. Im Anschluss werden die Exponate präsentiert und z.B. an einer Pinnwand befestigt.

Intro

„Die Definition von Führung beinhaltet viele Facetten und Sichtweisen. Zum Einstieg in das Thema interessiert mich zunächst, wie Sie das Thema Führung sehen. Deshalb habe ich hier Vorlagen und Stifte für Sie. Sie haben nun 10 Minuten Zeit, Ihr Bild von Führung zu Papier zu bringen. Was zeichnet Führung für Sie aus? Was bedeutet Führung für Sie oder was beinhaltet sie? Es geht bei dieser Übung nicht um das Malen von Kunstwerken. Von einer Zeichnung bis zu einem Symbol, z.B. in Form von zwei Strichen, ist alles erlaubt. Haben Sie Fragen? Dann starten wir nun!“

Hintergründe

Die Methode schafft einen sehr spannenden Einstieg in das Thema Führung. Es kommt eine vielseitige Sammlung von Führungsbildern zustande und es wird oft sehr reichlich und fruchtbar diskutiert. Es lohnt sich hierbei immer, bestimmte Aussagen von Teilnehmenden simultan mitzuvisualisieren. Der Trainer oder die Trainerin kann während des Workshops immer wieder Bezug auf die vorgestellten Inhalte nehmen.

Tipps

- Eine Variante bei kleinen Gruppen ist, dass die anderen Teilnehmenden zunächst raten, was mit der jeweiligen Zeichnung gemeint ist.
- Ich nutze gerne DIN-A4-Blätter mit unterschiedlichen Rahmen, die sich die Teilnehmenden aussuchen können. Das motiviert und die Exponate kommen in der Präsentation noch mehr zur Geltung.
- Sie können die Ergebnisse an der Pinnwand befestigen oder Sie spannen ein dünnes Seil im Workshop-Raum und hängen die Bilder wie an eine Wäscheleine mit Wäscheklammern auf. Als einfache Alternative ist es auch möglich, die Bilder mit Malerkrepp an der Wand zu befestigen.

Material

DIN-A4-Blätter (evtl. mit Rahmen), Stifte, evtl. Seil und Wäscheklammern oder Malerkrepp

Führungstipps!
Welche Tipps würden Sie neuen Führungskräften mit auf den Weg geben?
20 Minuten
Konflikte
Mitarbeitergespräche
Organisation
Meetings
Motivation
Mindset
Karriere
Führungsstil
Life-Balance
Projekte
Betriebsausflug

Führungstipps

Kurzbeschreibung

In Zweiergruppen werden während eines Spaziergangs Führungstipps erarbeitet, die dann im Plenum vorgestellt und diskutiert werden.

Aufbau

Die Teilnehmenden entwickeln zu zweit bei einem Spaziergang bis zu vier Führungstipps und notieren diese auf Moderationskarten. Hierfür haben sie 20 Minuten Zeit. Danach werden die Tipps im Plenum vorgestellt und an eine Pinnwand angebracht. Nach der Präsentationsphase findet ein Dialog über die Ergebnisse statt.

Intro

„Sie alle haben als Führungskräfte bereits viel erlebt. Sie haben viele Herausforderungen gemeistert und einen reichen Schatz an Erfahrungen gesammelt. Nun soll es darum gehen, diese hervorzuholen und für alle zugänglich zu machen. Ich teile Sie gleich in Zweiergruppen ein. Sie gehen bitte von folgendem Szenario aus: Eine gute Freundin von Ihnen wird Führungskraft und fragt Sie nach Tipps, um diesen Job gut ausfüllen zu können. Welche würden Sie ihr geben? Ich habe Ihnen als Inspirationshilfe ein paar Stichworte auf das Flipchart geschrieben. Das sind Beispielbereiche, aus denen Sie Empfehlungen geben könnten.

Bei dieser Übung bietet es sich an, einen kleinen Spaziergang zu machen und eventuell währenddessen oder hinterher Ihre Tipps – bitte maximal vier – auf jeweils eine Moderationskarte zu schreiben. Achten Sie bei Ihren Aufzeichnungen auf die ‚Acht-Wochen-Regel'. Sie müssen Ihre Antworten in acht Wochen immer noch lesen und vor allem verstehen können. Nach dem 20-minütigen Spaziergang stellen Sie ihre Tipps vor. Im Anschluss an die Präsentationen sprechen wir darüber. Haben Sie Fragen? … Dann zur Einteilung …"

Hintergründe

Bei Führungstrainings sind viel Erfahrung und Kompetenz versammelt. Diese Übung ermöglicht es, diese Ressourcen für alle zugänglich zu machen. In der Regel kommt ein weit gefächertes Portfolio zusammen, das in seiner Breite durch die Visualisierung (siehe links) verschiedener Stichworte angeregt wird.

Tipp

Bei dieser Übung können Sie ein Portfolio an besonders guten Führungstipps über mehrere Veranstaltungen sammeln und im Anschluss an die Präsentation der Teilnehmenden ergänzend vorstellen.

Material

Große quadratische Moderationskarten, Marker

Was können Führungskräfte?
Wo sind häufig Schwächen?
Führungsperspektiven

Führungsperspektiven

Kurzbeschreibung

Die Teilnehmenden erarbeiten in Kleingruppen Ideen zu guter und schlechter Führungsarbeit.

Aufbau

Die Teilnehmenden erarbeiten in Kleingruppen Antworten zu den auf dem Flipchart dargestellten Fragestellungen (siehe links). Hierfür nutzen sie von der Trainerin bzw. dem Trainer vorgefertigte Flipchart-Templates. Sie haben 15 Minuten Zeit.

Im Anschluss werden die Ergebnisse präsentiert. Danach werden die vorgestellten Themen besprochen und die Erkenntnisse etc. von der Trainerin bzw. dem Trainer mitvisualisiert. Zuletzt wird eine abschließende Runde im Plenum durchgeführt.

Intro

„Zum Einstieg in das Thema Führung stehen Ihre persönlichen Erfahrungen im Vordergrund. Es geht nun um die beiden Fragen, was aus Ihrer Sicht die meisten Führungskräfte gut können und wo die meisten Führungskräfte in der Führung ihrer Mitarbeiterinnen und Mitarbeiter Schwächen offenbaren. Nehmen Sie bei der Suche nach Antworten gerne die Perspektive der Mitarbeiterin bzw. des Mitarbeiters ein. Kramen Sie dafür in Ihren Erinnerungen und schreiben Sie dann Ihre Ergebnisse auf. Gehen Sie nun bitte in Kleingruppen zusammen. Nutzen Sie die vorbereiteten Flipchart-Templates, um Ihre Erfahrungen zu notieren. Diese werden dann von Ihnen im Plenum vorgestellt und im Anschluss besprochen. Sie haben für diese Aufgabe 15 Minuten Zeit. Gibt es noch Fragen? … Dann los!“

Hintergründe

Eine Methode für erfahrene Teilnehmende. Es werden in der Regel sehr viele Themen in den Raum geholt, die einen guten Überblick ermöglichen. Die Teilnehmenden können sich über diese Form der Fragestellung sehr gut abgleichen und erhalten Ideen und Impulse über Bereiche, die sie bereits gut erfüllen, sowie solche, in denen sie noch Verbesserungspotenzial haben. In der Regel ist die Themenvielfalt so reichhaltig, dass Sie sich als Trainerin bzw. Trainer immer wieder im Workshop auf die Ergebnisse beziehen können.

Tipp

Die Kleingruppen sollten nicht mehr als drei Personen umfassen, sonst dauern die Einigungsprozesse mitunter zu lange.

Material

Flipchart-Templates, Stifte

2. Kapitel

Führungsthemen gestalten

In diesem Kapitel

Die Gruppe ist angekommen, hat sich (besser) kennengelernt, die Ziele und Erwartungen sind geklärt und der Einstieg ins Thema wurde zelebriert. Nun starten wir mit dem Hauptteil des Workshops. Doch was sind die wichtigsten Themenfelder eines Führungskräfteentwicklungsprogramms? Das sieht sicherlich jeder, der mit dieser Materie arbeitet, ein wenig anders. Ich habe zur Konzeption dieses Buches die von mir geleiteten Führungskräftetrainings der vergangenen 15 Jahre durchforscht und die im Austausch mit Auftraggeberinnen und Auftraggebern entwickelten Themenschwerpunkte ausgewählt, die am häufigsten vorkamen. Im Anschluss habe ich die Methoden, die sich über die Jahre als besonders dienlich erwiesen haben, in diesem Teil für Sie zusammengebracht.

Meines Erachtens ist der wichtigste Baustein einer Workshop-Dramaturgie, den teilnehmenden Führungskräften einen Rahmen zu bieten, in dem sie sich wohlfühlen, neue Impulse bekommen, sich reflektieren, austauschen und ausprobieren können. Die dargestellten Methoden beinhalten dies alles und ermöglichen ein sehr praxisnahes Arbeiten am und mit dem Thema Führung.

Die Methode „Workshop-Tagebuch“ (siehe S. 257) bietet den Teilnehmenden nicht nur während des laufenden Workshops Orientierung, sondern kann auch zum Abschluss für eine schnelle Gesamtübersicht der erlebten Inhalte genutzt werden.

Die Situation klären

Jede Führungskraft hat ihre eigene Wahrnehmung von sich und ihrer Führungsarbeit. Hierbei gibt es bewusste und unbewusste bzw. formelle und informelle Bereiche. Ein Führungsworkshop sollte die Möglichkeit bieten, im Fluss der Führungsarbeit anzuhalten, die eigene Wahrnehmung zu reflektieren und Klarheit über die eigene Situation zu erlangen. Zum Beispiel werden jeder Führungskraft unterschiedliche Rollenausübungen innerhalb ihrer Tätigkeit abverlangt, derer sie sich klarwerden muss, um die eigenen und die Erwartungen anderer erfüllen zu können.

Im folgenden Kapitel sind verschiedene Methoden beschrieben, die es den Teilnehmenden ermöglichen, ihre Führungsarbeit zu reflektieren – und dies in diversen Kontexten. Durch die Reflexion wird der aktuelle Standpunkt bewusst und die eigenen Positionen werden besser wahrgenommen. Unter dieser Voraussetzung ist es wesentlich einfacher, Handlungsspielräume zu erkennen, persönliche Entwicklungsziele festzulegen und sich auf den Weg zu machen.

Die dargestellten Methoden haben unterschiedliche Schwerpunkte. In „Lets talk about Needs“ geht es darum, dass die Führungskraft sich bewusst wird, was sie für eine erfolgreiche Führung braucht. Die Methode „Die 9 Rollen einer Führungskraft“ macht die vielseitigen Rollenanforderungen bewusst, die an eine Führungskraft gestellt werden. Die „Zeitmaschine“ stellt eine rosarote Führungszukunft in den Mittelpunkt und bietet eine Perspektive, um auf die jetzige Situation und den weiteren Weg schauen zu können. Zuletzt bietet die Methode „Einblicke“ über eine Bildassoziationsübung die Möglichkeit, sehr umfassend phänomenologisch individuelle Führungsthemen herauszuarbeiten.

Index

Let's talk about
NEEDS
1. Wie würden Sie Ihren Führungsstil beschreiben?
2. Was brauchen Sie
– von sich selbst,
– Ihrer Vorgesetzen bzw. Ihrem Vorgesetzten,
– Ihrem Team und einzelnen Mitarbeiter*innen,
um Ihre Führungsrolle gut ausfüllen zu können?
30 Minuten Spaziergang

Let's talk about Needs

Kurzbeschreibung

Die Führungskräfte erarbeiten, was sie von sich selbst, ihrer bzw. ihrem Vorgesetzten, ihrem Team und den einzelnen Mitarbeiterinnen bzw. Mitarbeitern brauchen, um ihre Führungsrolle gut ausfüllen zu können.

Aufbau

Die Teilnehmenden werden in Zweiergruppen eingeteilt und erhalten die Aufgabe, sich 30 Minuten über ihre Führungssituation zu unterhalten. Die Übung findet draußen während eines Spaziergangs statt. Die vorgegebenen Fragestellungen (siehe Flipchart) dienen als Hilfestellung. Es müssen keine Notizen angefertigt werden. In einer Abschlussrunde kann ein Statement zur Übung abgegeben werden.

Intro

„Nun steht Ihre individuelle Führungssituation im Mittelpunkt. Sie haben gleich die Gelegenheit, zu zweit über 30 Minuten zuerst über Ihren Führungsstil zu sprechen und dann darüber, was Sie von Ihrer bzw. Ihrem Vorgesetzten, Ihrem Team und einzelnen Mitarbeiterinnen bzw. Mitarbeitern brauchen, um Ihre Führungsrolle gut ausfüllen zu können. Es hat sich als hilfreich erwiesen, diese Übung outdoor während eines kleinen Spaziergangs durchzuführen. Sie können sich aber auch gerne einen schönen Platz im Hotel suchen. Nach diesem Übungsteil werden wir eine kleine offene Runde machen. Jeder, der mag, kann dann über seine Erkenntnisse sprechen. Haben Sie Fragen? Dann zur Einteilung ..."

Hintergründe

Die Methode unterstützt die Teilnehmenden, sich ihrer Bedürfnisse bewusst zu werden. Diese Bewusstheit bewirkt Veränderung. Nur wenn die Teilnehmenden wissen, was sie wollen, können sie es im Berufsalltag auch „einfordern". Hinzu kommt, dass Führungskräfte in der Regel sehr schnell in ein intensives Gespräch und einen gewinnbringenden Austausch finden. Die so entstehende, vertrauensvolle Atmosphäre überträgt sich vom Einzelnen auf die Gruppe.

Tipps

- In der Abschlussrunde tauchen ggf. Themen auf, die im weiteren Verlauf des Workshops besprochen werden können. In Absprache mit dem Themengeber und der Gruppe können diese für alle sichtbar visualisiert werden.
- In der Abschlussrunde ist es wichtig, dass jeder, der etwas sagen möchte, von sich und seinen eigenen Erlebnissen bzw. Erkenntnissen erzählt und nicht von denen seines Gesprächspartners bzw. seiner Gesprächspartnerin. Dieser Aspekt sollte im Intro zur Abschlussrunde eingebunden werden.

Material

Eventuell Kopien des Flipcharts

Die 9 Führungsrollen
Visionär
Architekt
Macher
Innovator
Denker
Experte
Facilitator
Coach
Repräsentant

Die 9 Rollen einer Führungskraft

Kurzbeschreibung

Im Rahmen eines Brainstormings werden die Rollen einer Führungskraft gesammelt, durch einen Vortrag ergänzt und mit einer Kartenaufstellung weiterbearbeitet.

Aufbau

Im ersten Schritt erfolgt ein Brainstorming im Plenum, welche Rollen man als Führungskraft innehat. Die Ergebnisse werden von der Trainerin bzw. dem Trainer simultan auf einem Flipchart (siehe Flipchart unten) mitgeschrieben und anschließend diskutiert.

Im zweiten Schritt stellt die Trainerin oder der Trainer die neun Führungsrollen vor (siehe Flipchart links) und verteilt anschließend Bildkarten dieser neun Führungsrollen, mit größerem Abstand voneinander, auf dem Boden des Workshop-Raums. Nun wird mit drei Fragen weitergearbeitet:

- Was ist meine Lieblingsrolle?
- In welcher Rolle würde ich mich gerne weiterentwickeln?
- Welche Rolle mag ich überhaupt nicht?

Die Trainerin bzw. der Trainer beginnt mit der ersten Frage und lässt die Teilnehmenden durch eine Positionierung zur jeweiligen Karte antworten. Es folgt ein offenes Gespräch, in dem alle Teilnehmenden ihre jeweiligen Beweggründe mitteilen können. In dieser Form wird mit den anderen beiden Fragestellungen weitergearbeitet. Die Methode wird durch eine Runde im Stuhlkreis abgeschlossen, bei der jede Person berichtet, was sie aus der Übung mitnimmt.

Intro

Hier wird das Intro nach dem Brainstorming beschrieben, nachdem die Trainerin oder der Trainer die Bildkarten auf dem Boden verteilt hat.

„Als Führungskraft müssen Sie tagtäglich unterschiedlichen Rollen gerecht werden:

- *Zum Beispiel gibt es die Rolle des* **Visionärs**, *die beinhaltet, Visionen, Zielbilder, Kultur und Leitgedanken Ihres Unternehmens im Blick zu haben und diese mit Klarheit zu vermitteln.*
- *Als* **Architekt** *bauen Sie Strukturen und Prozesse auf und pflegen diese. Sie begleiten Veränderungen, sind für die Aufgabenverteilung und die Vermittlung von Erwartungen an den Einzelnen zuständig.*
- *Als* **Macher** *gehen Sie in allem voran und sorgen gleichzeitig dafür, dass festgelegte Prozesse, Standards und Regeln eingehalten werden. Hier geht es darum, dass Dinge gemacht werden und sich zielgerichtet bewegen.*
- *Als* **Innovator** *fördern Sie Ihre Mitarbeitenden, bringen immer wieder neue Ideen ein und sorgen fortwährend für frischen Wind.*
- *Für den* **Denker** *liegt der Fokus darin, sich (Aus-)Zeiten zu nehmen, Dinge zu reflektieren und aus Erfahrungen zu lernen, um voranzukommen.*
- *In der Rolle des* **Experten** *geht es darum, sich fachlich, methodisch sowie persönlich einzubringen und stetig weiterzuentwickeln.*
- *Als* **Facilitator** *sind Sie ein ‚Kümmerer' der die Teamdynamik im Blick hat. Sie schaffen den Rahmen für eine gute Zusammenarbeit. Das beinhaltet sowohl die Moderation von Teamentscheidungen als auch die Lösung von Konflikten.*
- *Als* **Coach** *haben Sie jeden einzelnen Mitarbeitenden mit seiner persönlichen Entwicklung im Blick. Diese Rolle zeichnet sich für mich durch ein offenes Ohr sowie eine individuell passende Kontaktdichte mit regelmäßigen Feedbacks aus.*
- *Als Führungskraft sind Sie gleichzeitig* **Repräsentant** *Ihres Unternehmens nach innen und nach außen. Das beinhaltet auch eine Vorbildfunktion in allen Bereichen.*

Wichtig ist mir: Alle Rollen sind in unterschiedlicher Intensität - je nach Unternehmen, Abteilung oder Projekt - wichtig und notwendig. Aus meiner Erfahrung heraus kann ich Ihnen mitgeben: Was Sie komplett vernachlässigen, holt Sie irgendwann ein.

Nun sind Sie gefragt. Ich habe die Rollen in Form von Bildkarten auf dem Boden verteilt. Zunächst einmal: Was ist Ihre Lieblingsrolle? Sobald Sie sich entschieden haben, stellen Sie sich zu der passenden Karte."

Daraufhin folgt ein Dialog mit den Teilnehmenden. Anschließend stellt die Trainerin bzw. der Trainer die anderen beiden Fragen (siehe Flipchart) nach demselben Schema.

Hintergründe

Was sind eigentlich meine Aufgaben? Worauf muss ich achten? Was mache ich richtig, wo muss ich mehr hinschauen? Das sind Fragen, die sich Führungskräfte oft stellen. Hier setzt diese Übung an. Die Teilnehmenden haben die Gelegenheit, ihre Rollen und die damit verbundenen Aufgaben zu reflektieren. Sie erleben, was sie bereits gut in ihren Führungsalltag integriert haben und an welchen Stellen sie sich noch weiterentwickeln können. Bei dieser Übung entsteht in der Regel ein sehr offener Austausch.

Tipps

- Schreiben Sie bei der Aufstellung allgemeine Ideen, Impulse und Erkenntnisse simultan auf einem Flipchart mit.
- Um den Teilnehmenden noch mehr Zeit zum Resümieren zu lassen, können Sie sie vor der abschließenden Transferrunde in Zweiergespräche schicken.
- Ausbaustufe: Die Teilnehmenden verlassen die eigene Perspektive und nehmen den Blickwinkel ihrer/ihres Vorgesetzten und/oder ihrer Mitarbeiterinnen und Mitarbeiter ein. Welche Rollenerwartung hat die Chefin bzw. der Chef an mich? Was erwarten meine Mitarbeiterinnen und Mitarbeiter von mir?

Material

Bildkarten der neun Führungsrollen (siehe auch Online-Ressourcen)

Die Zeitmaschine
• Wer sind Sie heute?
• Was haben Sie erreicht?
• Was macht Sie stolz?
• Was zeichnet Sie als Führungskraft aus?
• Wie führen Sie?
• Was schätzen ... an Ihnen?
• Aus welchen Gründen sind Sie glücklich?
• Was sind Sie in den letzten 10 Jahren dafür angegangen?
Mit welchen Schritten wollen Sie jetzt beginnen?

Die Zeitmaschine

Kurzbeschreibung

Die Teilnehmenden versetzen sich zehn Jahre in die Zukunft, in der sie alle erstrebenswerten Ziele erreicht haben. Sie gleichen diese Situation mit ihrer aktuellen Lage ab und erarbeiten Entwicklungsschritte.

Aufbau

Die Teilnehmenden reisen in einer Zeitmaschine in die Zukunft. Sie sehen sich dort als erfolgreiche Führungskraft. Aus der Beobachterperspektive beantwortet jede bzw. jeder für sich die Fragen auf dem Flipchart (siehe links). Hierfür stehen 20 Minuten zur Verfügung. Anschließend werden die Gedanken innerhalb von 30 Minuten in einer Kleingruppe besprochen. Die Methode wird mit einer Plenumsrunde abgeschlossen.

Intro

„Nun habe ich eine kleine Übung für Sie, die Ihnen hilft, zu reflektieren, wo Sie aktuell stehen und wo Sie hinmöchten. Wir machen nun eine Zeitreise über zehn Jahre in die Zukunft. Sie steigen aus Ihrer Zeitmaschine aus und sehen, dass Sie alle Ihre Ziele erreicht haben: Sie sind erfolgreich, glücklich mit Ihrer Führungssituation und gehen jeden Tag gerne zur Arbeit.

Begeistert schauen Sie genauer hin, was Ihr Leben nun ausmacht. Ich habe hier (siehe Flipchart links) *einige Fragen zusammengestellt, die Sie aus der Beobachterposition heraus beantworten. Sie brauchen nicht chronologisch vorzugehen. Fangen Sie da an, wo es für Sie passt. Denken Sie erst einmal völlig unabhängig von der aktuellen Ist-Situation. Gehen Sie ganz in Ihrem Zukunftsbild auf. Wenn Sie alle Fragen beantwortet haben, überlegen Sie bitte, was Sie aus der Übung mitnehmen. Gibt es konkrete Punkte, die Sie nun angehen wollen? Sie haben 20 Minuten Zeit. Anschließend besprechen Sie Ihre Ergebnisse zu dritt über 30 Minuten in einer Kleingruppe. Fragen? … Dann los!"*

Hintergründe

Die Methode bewirkt eine intensive Auseinandersetzung zwischen der erwünschten Zukunft und dem Status quo. Es wird eine Menge Energie freigesetzt, die durch die Frage „Mit welchen Schritten wollen Sie jetzt beginnen?" konkrete Formen im Hier und Jetzt annimmt. Es kommen viele Themen auf, die im weiteren Workshop-Verlauf vertieft werden können.

Tipps

- Sie können die Zeitreise als Fantasiereise initiieren.
- Wenn es zur Gruppe passt, kann diese ein Bild von ihrer Zukunftsvision zeichnen. Dieses kann durch kurze Texte und Notizen ergänzt werden.

Material

Klemmbretter, Blanko-Blätter, Stifte und eine Kopie des Flipcharts für jeden Teilnehmenden

Quelle: Christian Ridder (2021): Business as Visual – Das KartenSet, managerSeminare, Bonn.

Einblicke

Kurzbeschreibung

Die Teilnehmenden reflektieren anhand einer Bildbetrachtung ihre Führungsposition.

Aufbau

Die Teilnehmenden gehen zu zweit zusammen und erhalten die Aufgabe, sich auf dem Bild „Im Trainingslager" (siehe links) einen Ort, Gegenstand oder eine Person auszusuchen, die oder der sie als Führungskraft besonders anspricht. Als Nächstes setzen sich jeweils zwei Teilnehmende im Austausch mit den Fragen auf dem Flipchart (siehe folgende Seite) auseinander. Hierfür stehen jeweils 15 Minuten pro Person zu Verfügung. Eine Abschlussrunde schließt die Übung ab.

Intro

„Sie alle haben nun das Bild ‚Im Trainingslager' vor sich. In unserer nächsten Übung geht es darum, mithilfe des Bildes auf Ihre aktuelle Führungssituation zu schauen. Suchen Sie sich bitte gleich einen Bildausschnitt, also eine Person oder einen Gegenstand aus, die oder der Sie als Führungskraft sein möchten. Oder wählen Sie einen Ort, an dem Sie sich in Ihrer Wunschvorstellung sehen, und markieren Sie diesen. Denken Sie dabei nicht zu sehr nach, sondern folgen Sie Ihrer spontanen Intuition. Los geht's! ..." Die Teilnehmenden markieren eine Stelle auf dem Bild.

„Nun lade ich Sie dazu ein, die auf dem Flipchart aufgeführten Fragen (siehe Flipchart nächste Seite) *zu zweit zu bearbeiten. Gehen Sie bitte nacheinander die Punkte drei bis fünf durch. Jede bzw. jeder steht dabei 15 Minuten im Fokus.*

Kurz ein paar Anmerkung zu den Punkten drei bis fünf: Die Fragen unter Punkt drei zielen darauf ab, sich die gewählte Bildstelle genauer anzuschauen. Was macht diesen Punkt aus? Was sind Ihre Gefühle, Gedanken und Assoziationen dazu? Bei Punkt vier geht es darum, die von Ihnen ausgewählte Stelle mit Ihrer aktuellen Führungssituation in Beziehung zu setzen. Wo liegen beispielsweise die größten Unterschiede? Und zuletzt der fünfte Punkt: Wenn Sie sich Ihre Wunschposition und Ihre jetzige Situation anschauen, was brauchen Sie für Ihre Weiterentwicklung als Führungskraft?

Im Anschluss machen wir eine Runde im Plenum, in der jeder von Ihnen so viel von seinen Übungserfahrungen erzählen kann, wie sie bzw. er möchte. Wenn Sie keine Frage mehr haben, teile ich Sie jetzt in Zweiergruppen ein ..."

Einblicke

1. Schauen Sie sich das Bild genau an.
2. Entscheiden Sie sich für eine Stelle im Bild, in der Sie gerne aus der Führungsperspektive heraus sein möchten?
3. Was fällt Ihnen dazu ein? Was sind Ihre Gefühle, Gedanken und Assoziationen?
4. Verknüpfen Sie dies mit Ihrer Führungssituation.
5. Was brauchen Sie für Ihre Weiterentwicklung?

2 × 15 Minuten

Hintergründe

Bei „Einblicke" handelt es sich um eine absolut spannende Methode mit viel Tiefgang. Vorteilhaft ist es, wenn ein Großteil der Teilnehmenden bereits Workshop-Erfahrung mitbringt und innerhalb der Gruppe ein gutes Maß an Offenheit und Vertrauen vorhanden ist. Durch die Übung gehen die Teilnehmenden mit dem Bild in Resonanz und gewinnen so neue Sichtweisen und Zugänge zu ihrer aktuellen Führungssituation hinzu. Vorhandene Entwicklungspotenziale werden deutlich. Die Zeit ist mit 30 Minuten knapp bemessen, sorgt aber dafür, dass effektiv gearbeitet wird.

Tipps

- Geben Sie die Zweiergruppen nicht vor, sondern lassen Sie die Teilnehmenden sich ihren Partner bzw. ihre Partnerin selbst aussuchen.
- Ausbaustufe: Nach 30 Minuten werden die Zweiergruppen neu gemischt und der Austausch wird wiederholt. Dadurch werden die Ergebnisse noch mal deutlich breiter und tiefer.
- Sie können ebenso andere Bilder nutzen, die viele Anknüpfungspunkte bieten.

Material

Klemmbretter, Stifte und das Bild als Kopie für jeden Teilnehmer (siehe Online-Ressourcen).

Quelle: Kranz, Christine (2008): Durch Selbstreflexion zum Erfolg. Symbolon Verlag, Triesen.

In Kontakt gehen

Führungsarbeit ist in erster Linie Beziehungsarbeit. In diesem Kapitel sind Methoden dargestellt, durch die eine Führungsperson den Kontakt zu den Mitarbeitenden fördern und verbessern kann.

Das Kapitel startet mit der Methode „Small Talk für Führungskräfte", die einen sehr praxisnahen Einstieg in das Thema Small Talk bietet. Spontan ein lockeres Gespräch zu führen, ist eine der wichtigsten Kommunikationsformen. Die Teilnehmenden sind in der Regel dankbar, dass durch diese Übung Situationen beleuchtet werden, die viele als schwierig erleben. Sie können sich mit ihren „Leidensgenossinnen und -genossen" austauschen, sich ausprobieren und bekommen hilfreiche Tipps. Darauf folgt als nächste Übung „Der Kommunikationswirbel", die verschiedene Kommunikationshindernisse erlebbar macht und damit auch das eigene Kommunikationsverhalten bewusster werden lässt.

Die innere Haltung gegenüber anderen Menschen wird beim „ICH-Syndrom" und bei der Methode „Wertschätzung im Führungsalltag" beleuchtet. Es gibt viele Situationen für Führungskräfte, in denen es dienlich ist, voll und ganz beim anderen zu sein. Durch diese Methoden rückt genau das in den Vordergrund.

Bei einer weiteren Übung steht das Feedback-Geben im Mittelpunkt. Hier werden zuerst die wichtigsten Feedback-Regeln erklärt und anschließend in Kleingruppen spezifische Experimente durchgeführt. Als Nächstes finden Sie eine sehr praxisnahe Übung zum Thema Führungsstil. Daraufhin folgen mit den Methoden „Wertschätzung im Führungsalltag", „Sandwich-Führung" und „Das Motivationshaus" weitere wichtige thematische Schwerpunkte. Zuletzt wird die Methode „Dobbels" vorgestellt, durch die jede bzw. jeder Teilnehmende einen „Sparringspartner" zugeteilt bekommt, der ihm während des Workshops unterstützend zur Seite steht.

Index

Small Talk
3
Mitarbeitergespräch
5
Weihnachtsessen
7
Geburtstag

Small Talk für Führungskräfte

Kurzbeschreibung

In einem Brainstorming werden die wichtigsten Impulse zum Thema Small Talk erarbeitet. Dann folgen Rollenspiele sowie die Reflexion verschiedener Situationen aus dem Führungsalltag.

Aufbau

Im ersten Schritt werden die wichtigsten Tipps der Teilnehmenden zum Thema Small Talk auf einem Flipchart (siehe unten) gesammelt. Im zweiten Schritt werden unterschiedliche Small-Talk-Situationen nachgespielt:

1. Situation: Mitarbeitergespräch

Die Teilnehmenden werden in Dreiergruppen eingeteilt und legen fest, wer Führungskraft, wer Mitarbeiterin bzw. Mitarbeiter ist und wer die Rolle des Beobachters einnimmt. Nun bekommen sie den Auftrag, über drei Minuten den Small-Talk-Auftakt eines Mitarbeitergesprächs nachzuspielen. Die Situation startet mit dem Eintreten des Mitarbeiters bzw. der Mitarbeiterin. Abschließend erfolgt über sieben Minuten eine Reflexion, in der alle Beteiligten gemeinsam die Gesprächssituation Revue passieren lassen.

2. Situation: Betriebliches Weihnachtsessen

Die Teilnehmenden werden in Vierergruppen eingeteilt und einigen sich, wer die Führungskraft, wer zwei Mitarbeitende und wer den Beobachtenden spielt. Sie bekommen den Auftrag, über fünf Minuten eine Situation beim gemeinsamen Betriebsweihnachtsessen nachzuspielen, in der die Führungskraft nach dem Essen von Tisch zu Tisch „wandert", um mit den unterschiedlichen Gruppen in Kontakt zu kommen. Abschließend wird in der Vierergruppe über 10 Minuten reflektiert.

3. Situation: Geburtstag einer Mitarbeiterin bzw. eines Mitarbeiters

In dieser Runde werden Fünfergruppen gebildet. Neben der Führungskraft gibt es noch die Rolle des Mitarbeitenden, der Geburtstag hat, sowie drei weitere Mitarbeiterinnen und Mitarbeiter. Nach der Rollenverteilung wird über sieben Minuten die Situation nachgespielt, in der alle gemeinsam zum Gratulieren in das Büro des Geburtstagskindes kommen. Abschließend erfolgt wieder eine Reflexion über 10 Minuten.

Nach den Rollenspielen werden im Plenum die verschiedenen Small-Talk-Situationen durchgesprochen und eventuelle Ergänzungen auf dem Flipchart notiert.

Intro *„Nun möchte ich gerne mit Ihnen über das Thema Small Talk sprechen. Warum ist Small Talk für Ihre Führungsaufgabe wichtig?"* Die Teilnehmenden antworten …

„Genau, für Sie als Führungskraft ist es wichtig, regelmäßig mit den Mitarbeiterinnen und Mitarbeitern in Kontakt zu gehen. Damit bedienen Sie einen zentralen Aspekt, der die Grundlage für erfolgreiche Führungstätigkeit bildet: die vertrauensvolle Beziehung zu Ihren Mitarbeitenden. Small Talk ist hierbei ein wichtiges Mittel. Aber was ist dabei zu beachten und wie können Sie vorgehen? Im ersten Schritt würde ich gerne mit Ihnen aus Ihren Erfahrungen schöpfen. Lassen Sie uns ein kurzes Brainstorming durchführen: Wie gehen Sie im Führungsalltag in Small-Talk-Situationen vor, was gilt es zu beachten?" Die Trainerin bzw. der Trainer visualisiert simultan die Hinweise der Gruppe und ergänzt diese bei Bedarf.

„Nun haben wir einige Ideen gesammelt, die Ihnen sicherlich ein paar Impulse liefern. Lassen Sie uns nun konkreter werden und typische Situationen beleuchten, bei denen Sie Small-Talk-Kompetenzen brauchen. In der ersten Runde gehen Sie bitte in Dreiergruppen zusammen, um dann gemeinsam den Small-Talk-Auftakt bei einem Mitarbeitergespräch nachzuspielen. Bestimmen Sie selbst, wer die Rolle der Führungskraft innehat, wer die Rolle der Mitarbeiterin bzw. des Mitarbeiters einnimmt und wer das Geschehen beobachten soll. Starten Sie mit dem Eintreten Ihrer Mitarbeiterin bzw. Ihres Mitarbeiters in das Büro der Führungskraft. Wer die Situation beobachtet, achtet bitte gleichzeitig auf die Zeit: Ihnen stehen drei Minuten zur Verfügung. Danach reflektieren Sie bitte über sieben Minuten in Ihrer Dreiergruppe, wie es Ihnen im Einzelnen erging, was gut gelaufen ist bzw. was man eventuell noch besser machen könnte. Haben Sie Fragen? Dann zur Gruppeneinteilung …"

Danach werden die beiden weiteren, im Punkt Aufbau beschriebenen Situationen in unterschiedlichen Gruppenkonstellationen durchgespielt. Am Ende wird die Übung in der Gesamtgruppe reflektiert und es werden weitere Ideen auf dem Brainstorming-Flipchart gesammelt.

Abschlussstatement der Trainerin bzw. des Trainers: *„Wir haben in dieser Übung drei Situationen beleuchtet, in denen Sie nicht um Small Talk herumkommen. Natürlich ist Small Talk etwas, das Sie zur Beziehungspflege täglich einsetzen sollten. Wenn Sie sich als Führungskraft sehen, müssen Sie sich, wie ein Gärtner, täglich um Ihre Blumen kümmern. Small Talk ermöglicht hierbei einen wichtigen Beitrag. Wichtig ist, dass der Small Talk nicht geplant wirkt."*

Hintergründe

Diese Übung zeigt anhand von praxisnahen Beispielen, wie wichtig Small Talk ist, und ermöglicht es, Situationen zu üben und zu reflektieren, die vielen Führungskräften schwerfallen. Jegliche Führungsbeziehung basiert auf der „Kontaktfähigkeit" der Führungskraft. Daher lohnt es sich immer, auf Small Talk und dessen Wert für die Führungsaufgaben hinzuweisen.

Tipps

- Sie können alternativ zu den dargestellten Situationen schwierige Small-Talk-Situationen aus dem Arbeitsalltag der Teilnehmenden sammeln und diese dann nachspielen und reflektieren.
- Bereiten Sie in großen Gruppen mehrere Flipcharts oder eine Pinnwand für das Brainstorming vor, damit Sie ausreichend Platz haben.
- Die drei Small-Talk-Situationen sind auf dem Flipchart so visualisiert, dass sie mit einem DIN-A4-Blatt verdeckt werden können, bis diese jeweils an der Reihe sind.
- Rollenspiele in der Kleingruppe brauchen möglichst wenig Blicke von außen. Wenn noch weitere Räumlichkeiten zur Verfügung stehen, ist es optimal, die Kleingruppen auf einzelne Räume zu verteilen.

Kommunikationswirbel
Die Grenzen meiner Sprache
bedeuten die Grenzen meiner Welt.
Ludwig Wittgenstein

Der Kommunikationswirbel

Kurzbeschreibung

Die Teilnehmenden sitzen sich in konzentrischen Kreisen gegenüber und erleben, wie sich das eigene verbale und nonverbale Verhalten auf Gespräche auswirkt.

Aufbau

Im Raum werden ein innerer und ein äußerer Stuhlkreis so aufgestellt, dass eine Person aus dem Außenkreis jeweils einer Person aus dem Innenkreis gegenübersitzt. Nun bekommen die sich gegenübersitzenden Personen den Auftrag, sich über ca. ein bis zwei Minuten miteinander zu unterhalten und hierbei verschiedene Verhaltensweisen einzubinden bzw. bewusst wegzulassen. Im Anschluss an jeden Auftrag reflektieren die Pärchen ihr Erleben. Nach jeder Reflexion findet ein Wechsel im Außenkreis (im Uhrzeigersinn) statt und die neu gebildeten Pärchen bekommen einen neuen Kommunikationsauftrag.

Hier eine Übersicht über mögliche Aufträge:

1. Vermeiden Sie Blickkontakt.
2. Berühren Sie Ihren Gesprächspartner bzw. Ihre -partnerin einmal im Gespräch.
3. Rücken Sie näher zusammen und weiter auseinander.
4. Sprechen Sie lauter und leiser (Wechsel erfolgt auf ein Zeichen der Trainerin bzw. des Trainers).
5. Sprechen Sie schneller und langsamer (Wechsel erfolgt auf ein Zeichen der Trainerin bzw. des Trainers).
6. Die Personen im Innenkreis sagen immer „Ja" und die im Außenkreis „Nein" (hier reichen 30 Sekunden).
7. Beide reden gleichzeitig (hier reichen 30 Sekunden).
8. Beide reden nacheinander, aber jede bzw. jeder hält nur einen Monolog und bezieht sich nicht auf die Äußerungen seines Gegenübers.
9. Beide beziehen sich am Anfang ihres Monologs kurz auf den anderen bzw. die andere und bewerten das Gesagte, erzählen dann aber ihr Anliegen weiter.
10. Sie möchten Ihr Gegenüber von Ihrem Thema überzeugen. Sie dürfen nachgeben, wenn Ihr Gegenüber Sie tatsächlich umgestimmt hat.

Zum Abschluss erfolgt eine Gesamtreflexion anhand der auf dem Flipchart aufgeführten Fragen (siehe nächste Seite). Die Trainerin bzw. der Trainer visualisiert simultan die Erkenntnisse der Gruppe.

Reflexion

- Wie waren die Gespräche für Sie?
- Welche Situationen haben Sie schon erlebt?
- Welche haben Sie besonders gefordert?
- Wie sind Sie bisher mit ihnen umgegangen?

Intro

Die Teilnehmenden sitzen sich in einem Innen- und einem Außenkreis gegenüber.

„Ludwig Wittgenstein hat einmal gesagt: ‚Die Grenzen meiner Sprache bedeuten die Grenzen meiner Welt.' Diese Grenzen zu erweitern und das eigene verbale und nonverbale Verhalten bewusst zu machen, darum soll es in unserer nächsten Übung gehen. Ihre Aufgabe ist es nun, sich mit der Person, die Ihnen gegenübersitzt, zu unterhalten. Reden Sie über das Mittagessen, den letzten Urlaub oder das Wetter. Ich gebe Ihnen zusätzlich einen Verhaltensauftrag, den Sie bitte in Ihrem Gespräch ausprobieren. Anschließend haben Sie einen Moment Zeit, sich mit Ihrer Partnerin bzw. Ihrem Partner über Ihre Erfahrungen auszutauschen. Danach wechseln die Personen des Außenkreises im Uhrzeigersinn einen Platz weiter, sodass Sie eine neue Partnerin oder einen neuen Partner haben. Es folgt dann ein weiteres Gespräch mit einem neuen Verhaltensauftrag. Haben Sie Fragen? Perfekt, dann zu Ihrem ersten Auftrag: 1. Vermeiden Sie Blickkontakt."

Nach ca. 2 Minuten: *„Bleiben Sie nun gerne sitzen und unterhalten Sie sich bitte zu zweit darüber, wie Sie das Gespräch wahrgenommen haben. Was hat sich durch das Gesprächsverhalten verändert? Wie war Ihr Kontakt? Vielleicht haben Sie eine ähnliche Situation schon einmal erlebt? Berichten Sie gerne, wie Sie mit dieser Situation umgegangen sind. Im Anschluss erfolgen weitere Gespräche mit unterschiedlichen Verhaltensaufträgen. Wenn alle Aufträge durchgespielt wurden, werden wir eine Reflexion in der Gesamtgruppe vornehmen* (siehe Fragen auf dem Flipchart links)."

Hintergründe

Durch die vielseitigen Experimente erfahren die Teilnehmenden, wie sich das eigene Verhalten in einem Gespräch auf das Gegenüber auswirkt. Die Übung ermöglicht es, das eigene Kommunikationsverhalten wahrzunehmen und bewusst zu steuern.

Tipps

- Als vorbereitender Vortrag passt das Johari-Fenster sehr gut, da es verdeutlicht, dass wir alle „Blinde Flecken" haben, die, z.B. im Bereich der Kommunikation, durch eine solche Übung in den bewussten und damit gestaltbaren Bereich gebracht werden können.
- Folgen Sie bezüglich des zeitlichen Übungsrahmens bei jedem Auftrag Ihrem Bauchgefühl.
- Die Verhaltensaufträge visualisiere ich nicht, da ich diese innerhalb der Übung immer in Bezug auf Dauer und Inhalt der Gruppensituation anpasse.
- Die Übung ist kognitiv sehr anspruchsvoll und sollte in eine Pause übergehen.

Das ICH-Syndrom
!kein ich, mich oder mein
2min

Das ICH-Syndrom

Kurzbeschreibung

Die Teilnehmenden führen zu zweit ein Gespräch und einer der beiden darf die Worte „ich", „mich" und „mein" nicht benutzen.

Aufbau

Die Teilnehmenden gehen zu zweit zusammen und tauschen sich zwei Minuten über ein aktuelles Standpunktthema aus. Beim Austausch dürfen die Worte „ich", „mich" und „mein" nicht benutzt werden. Falls dies doch passiert, darf die Gesprächspartnerin bzw. der Gesprächspartner darauf hinweisen. Nach den zwei Minuten werden neue Partner bzw. Partnerinnen gesucht und die Übung mit einem neuen Standpunktthema wiederholt. Zum Abschluss findet ein Austausch mit allen Teilnehmenden statt.

Intro

Die Trainerin oder der Trainer bittet die Teilnehmerinnen und Teilnehmer zu Beginn, sich im Raum zu verteilen. *„Bei Ihrer nächsten Aufgabe können Sie üben, in einem Gespräch voll und ganz beim anderen zu sein. Deshalb würde ich Sie gerne dazu einladen, sich gleich für zwei Minuten eine Partnerin oder einen Partner zu suchen und dann über ein Thema, wie z.B. ‚Jeder sollte kochen können' oder ‚Die schönsten Urlaubsziele', zu unterhalten. Hierbei dürfen jedoch die Worte ‚ich', ‚mich' und ‚mein' nicht benutzt werden. Machen Sie es sich gegenseitig bewusst, wenn eines dieser Wörter fällt. Haben Sie Fragen? Dann los!"*

Hintergründe

Insbesondere in Führungsgruppen, bei denen die Teilnehmenden eher zur Extrovertiertheit neigen, macht es Sinn, diese Übung durchzuführen. Den Führungskräften wird durch die Methode bewusst, wie ich-bezogen sie in Unterhaltungen agieren. Grundsätzlich beinhaltet die Extrovertiertheit natürlich viele wichtige Qualitäten. Dennoch gibt es Situationen, in denen es besser ist, mit der eignen Aufmerksamkeit bewusst beim anderen zu bleiben.

Tipps

- Während des abschließenden Dialogs in der Gesamtgruppe kann der Trainer bzw. die Trainerin die Frage einbringen, in welchen Situationen die Rolle des Zuhörers besonders wichtig ist.
- In Gruppen, die eher von „empathischen Persönlichkeiten" bestimmt sind, können Sie die Übung abändern, sodass die Wörter „Du", „Sie", „Dich" und „Dein" nicht verwendet werden dürfen.

Quelle: In Anlehnung an die Methode „Ich-Syndrom" aus:
Zoll, Artur (1999): TAM Spiele- & Methodenset. Methodica-Verlag, Fulda.

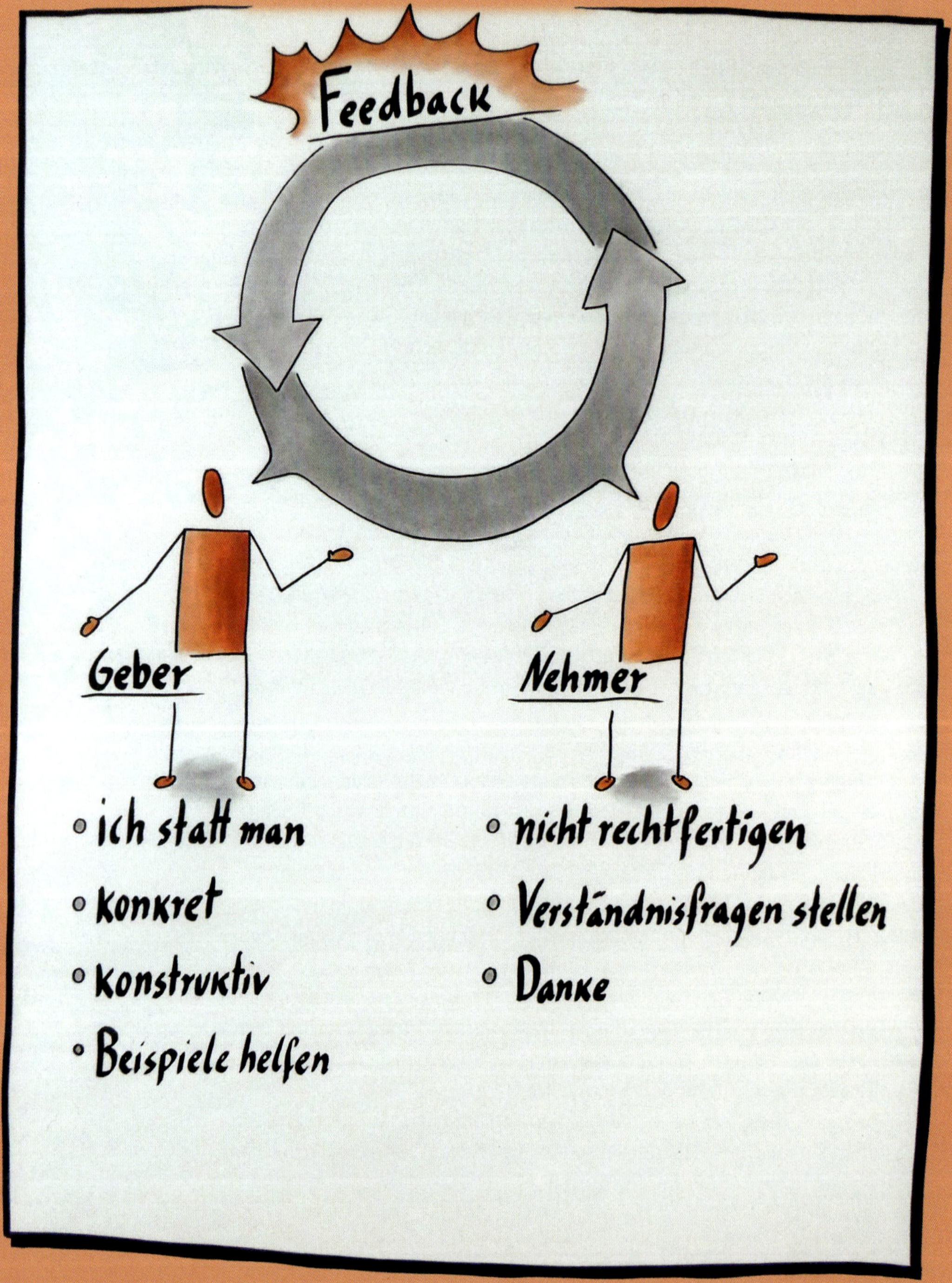
Feedback
Geber
Nehmer
ich statt man
konkret
konstruktiv
Beispiele helfen
nicht rechtfertigen
Verständnisfragen stellen
Danke

Feedback-Experimente

Kurzbeschreibung

Die Teilnehmenden erhalten vorbereitend eine Einführung zum Thema Feedback. Im Anschluss werden in Kleingruppen mehrere Feedback-Gespräche in unterschiedlichen Varianten durchgeführt.

Aufbau

Zu Beginn hält die Trainerin bzw. der Trainer einen Vortrag über die wichtigsten Feedback-Regeln. Im Anschluss folgen in Vierergruppen über 40 Minuten Feedback-Gespräche. Hierbei entscheiden die Kleingruppen, wer als Feedback-Geber, Feedback-Nehmer und als Beobachter/Zeitwächter startet, und einigen sich auf die Art und Weise der Durchführung (z.B. Feedback im Stehen oder Gehen, siehe Intro). Darauf folgt das erste Gespräch, in dem über ca. fünf Minuten einer Person ein Feedback darüber gegeben wird, wie die betreffende Person bislang wahrgenommen wurde. Dann werden die Rollen dreimal gewechselt, sodass jede bzw. jeder einmal Feedback-Geberin bzw. Feedback-Geber war. Allgemeine Erkenntnisse werden während der Kleingruppenarbeit auf Moderationskarten für das Plenum festgehalten. Die Methode wird durch eine Abschlussrunde abgerundet, in der die Trainerin bzw. der Trainer die Erkenntnisse aus den Gruppen simultan mitvisualisiert.

Intro

„Es ist eine Kunst, Feedback zu geben, und eine noch größere, Feedback anzunehmen. Für Sie als Führungskraft ist es elementar, beides zu beherrschen. Im ersten Schritt möchte ich Ihnen gerne die für mich wichtigsten Regeln im Zusammenhang mit Feedback-Gesprächen erläutern. Zum Beispiel gilt für die Feedback-Geberin bzw. den Feedback-Geber die Regel des ‚Ich statt man', die beinhaltet, das Feedback immer nur mit einer Ich-Formulierung gegeben werden sollte. Das ermöglicht der Feedback-Nehmerin bzw. dem Feedback-Nehmer, Ihre Rückmeldung leichter anzunehmen. Durch den feinen Unterschied in der Formulierung wird für den anderen deutlich, dass es hier um Ihre Wahrnehmung geht und nicht um die Wahrnehmung der Allgemeinheit – und das macht einen großen Unterschied für Ihr Gegenüber.

Dann ist noch wichtig, dass Sie Ihre Aussagen möglichst konkret und klar formulieren. Feedback wird optimalerweise immer aus einer konstruktiven und wohlwollenden Haltung heraus gegeben, es geht also darum, meinem Gegenüber etwas für ihre bzw. seine Entwicklung mitgeben zu wollen. Beispiele aus dem Leben helfen Ihrem Gegenüber, Ihr Feedback besser zu verstehen.

Für die Feedback-Nehmerin bzw. den Feedback-Nehmer ist es wichtig, sich während oder nach dem Feedback nicht zu rechtfertigen, sondern erst einmal zuzuhören bzw. das Gesagte sacken zu lassen. Wenn Sie sich rechtfertigen, vertun Sie ein Stück weit die Chance, das Feedback für sich gewinnbringend zu nutzen, da

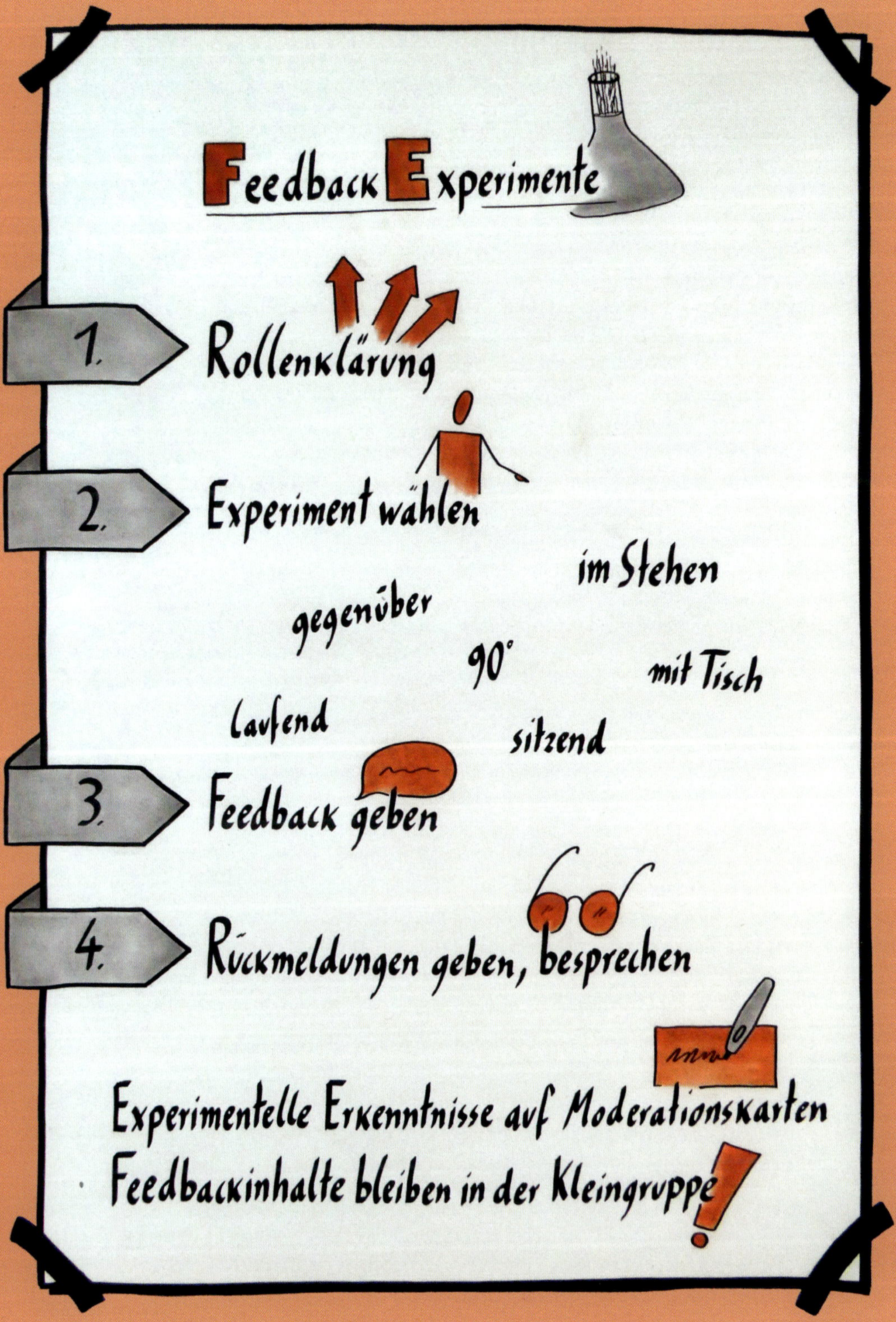
FeedbackExperimente
1. Rollenklärung
2. Experiment wählen
im Stehen
gegenüber
90°
mit Tisch
laufend
sitzend
3. Feedback geben
4. Rückmeldungen geben, besprechen
Experimentelle Erkenntnisse auf Moderationskarten
Feedbackinhalte bleiben in der Kleingruppe!

Sie bereits einen Grund gefunden haben, warum die Aussage so nicht stimmt. Es bringt Ihnen viel mehr, wenn Sie über die Aussagen nachdenken und überlegen, was Sie davon für sich mitnehmen können, auch wenn Sie die Auffassung nicht vollständig teilen. Erlaubt ist es, das gilt auch gleich für unsere Übung, Verständnisfragen an die Feedback-Geberin bzw. den Feedback-Ggeber zu stellen.

Beendet wird das Feedback durch ein ‚Danke' oder Nicken seitens der Feedback-Nehmerin bzw. des Feedback-Nehmers. So viel erst einmal zu den Regeln. Haben Sie Fragen? ... Dann zu unserer Übung. Sie werden in den nächsten 40 Minuten die Gelegenheit haben, sich in Vierergruppen auszuprobieren. Zum einen, was das Feedback-Geben und -Nehmen angeht, und zum anderen, inwieweit die Rahmenbedingungen die Situation, z.B. die Gesprächsatmosphäre, beeinflussen. Zuerst einigen Sie sich jedoch darauf, wer Feedback gibt, wer Feedback nimmt und wer in der ersten Runde beobachtet und die Zeit im Blick behält.

Sie geben dann der Feedback-Nehmerin bzw. dem Feedback-Nehmer eine Rückmeldung, wie Sie sie bzw. ihn bisher hier im Workshop erlebt haben. Anschließend einigen Sie sich auf die Rahmenbedingungen und probieren aus, wie sich das Feedback-Geben und -Nehmen z.B. im Stehen anfühlt. Oder wenn Sie sich gegenübersitzen bzw. die Sitzplätze im 90-Grad-Winkel zueinander stehen. Ist es angenehmer an einem Tisch oder ohne? Wie wirkt es sich aus, wenn Sie nebeneinander laufen? Sie können dazu gerne kurz rausgehen! Stimmen Sie sich in der Gruppe vor jeder Runde ab, wie Sie die Situation gerne gestalten möchten.

Jede Runde sollte nicht länger als zehn Minuten dauern, also jeweils fünf Minuten für Feedback sowie für die Reflexion. Schreiben Sie allgemeingültige Erkenntnisse zum Thema Feedback auf Moderationskarten, bitte nur einen Punkt pro Karte. Alle Inhalte bleiben in Ihrer Kleingruppe. Wir werden im Nachgang eine Abschlussrunde machen, in der wir Ihre Moderationskarten an der Pinnwand zusammenbringen. Haben Sie Fragen? ... Dann zur Gruppeneinteilung."

Hintergründe

Diese Methode ermöglicht es, dass die Teilnehmenden sich gegenseitig Rückmeldungen geben und gleichzeitig Erfahrungen im Feedback-Geben und -Nehmen sammeln. Zusätzlich beschäftigen sie sich mit dienlichen Rahmenbedingungen. Vor allem die Experimente sorgen dafür, Hilfreiches und weniger Hilfreiches zu identifizieren und den Gestaltungsspielraum für Feedback-Gespräche aufzuzeigen.

Tipp

Bei Gruppen mit wenig Workshop-Erfahrung sollten Sie ein beispielhaftes Feedback-Gespräch mit Ihrem Co-Trainer bzw. Ihrer Co-Trainerin vorführen.

Material

Kopie der Flipcharts, Moderationskarten, Marker

Mein Führungsstil
B
C
A
D
A. vorausgehend
C. unterstützend
B. Seite an Seite
D. raumgebend

Mein Führungsstil

Kurzbeschreibung

Eine Aufstellungsarbeit, bei der alle Teilnehmenden sich so im Raum positionieren, dass ihr persönlicher Führungsstil deutlich wird.

Aufbau

Zuerst wird eine Person in den Raum gestellt (z.B. die Co-Trainerin), die für alle Führungskräfte die eigenen Mitarbeitenden stellvertretend symbolisiert. Im Anschluss erhalten die Führungskräfte den Auftrag, sich nacheinander in Bezug auf die Person zu positionieren, und zwar so, dass die Position ihren persönlichen Führungsstil widerspiegelt. Nachdem jede bzw. jeder den richtigen Platz und die passende Ausrichtung gefunden hat, sagt sie oder er etwas zur gewählten Position und zum eigenen Führungsstil. Nachdem Rückfragen beantwortet wurden, ist der nächste Teilnehmende an der Reihe.

Intro

„In unserer nun folgenden Übung geht es um Ihren ureigensten Führungsstil, also den Führungsstil, der Ihnen am meisten liegt. Hierzu arbeiten wir mit Ihren inneren Beziehungsbildern, die wir im Außen darstellen. Zuerst brauchen wir eine Person, die für Ihre Mitarbeitenden steht. Katja, meine liebe Co-Trainerin, kannst Du Dich bitte stellvertretend für diese hier hinstellen. Super, vielen Dank. Gleich liegt Ihre Aufgabe darin, eine Position im Raum zu finden und Ihren Körper so in Bezug auf Katja auszurichten, dass dadurch Ihr persönlicher Führungsstil widergespiegelt wird. Sie sehen hier auf dem Flipchart ein paar Beispiele. Wenn ich neben Katja stehe, spiegelt das für mich einen Führungsstil wider, bei dem ich mit meinen Mitarbeitenden Seite an Seite auf Augenhöhe zusammenarbeite. Stehe ich mit seitlichem Blick hier vorne, besteht mein ureigenster Führungsstil darin, eher vorausgehend zu sein, zu motivieren und mitzureißen. Das sind nun natürlich immer meine persönlichen Empfindungen, das kann von Ihnen auf diesem Platz auch ganz anders interpretiert werden. Wir führen diese Übung nacheinander durch. Haben Sie Fragen?"

Hintergründe

Wie Führungskontakte gestaltet werden, hängt in erheblichem Maße von der individuellen Persönlichkeit der beteiligten Menschen ab. Auf der Basis dieses Gedankens bietet die Aufstellungsmethode einen Ansatz, der der Komplexität des Themas gerecht wird. Um mehr Flexibilität oder gar Veränderung des eigenen Führungsverhaltens zu ermöglichen, ist ein erster entscheidender Schritt, bevorzugte Kontaktformen bewusst werden zu lassen, was mit dieser Übung ermöglicht wird.

Tipp

Falls Sie keine/n Co-Trainer:in haben, funktioniert auch ein Stuhl.

Wertschätzung
im Führungsalltag
1. Wie geht es Ihnen mit dem Thema?
2. Wie bringen Sie als Führungskraft
Wertschätzung zum Ausdruck?
Wo zeigt sich Wertschätzung in Ihrem Alltag?
7 min
Notizen

Wertschätzung im Führungsalltag

Die Teilnehmenden besprechen zu zweit anhand verschiedener Fragen das Thema Wertschätzung. Im Anschluss folgt eine praktische Übung, bei der jede Person einer anderen ihre Wertschätzung mitteilt. Abschließend erfolgt eine Reflexion im Plenum.

Kurzbeschreibung

1. Zum Themeneinstieg besprechen die Teilnehmenden über sieben Minuten zu zweit die Fragestellungen (siehe Flipchart links). Im Anschluss findet im Plenum ein Dialog mit Simultanvisualisierung statt (siehe Flipchart nächste Seite).
2. Die Teilnehmenden sitzen im Stuhlkreis und sprechen ihrem jeweiligen Gegenüber eine Wertschätzung aus. Dazu stehen sie auf und stellen sich in die Mitte des Kreises. Nachdem alle an der Reihe waren, wird das Erlebte im Plenum besprochen und es werden Erkenntnisse zum Thema Wertschätzung auf dem Flipchart ergänzt.

Aufbau

„Lassen Sie uns nun einmal genauer auf das Thema Wertschätzung aus Ihrer Führungsposition heraus schauen. Zum Start erst einmal diese Fragen (siehe Flipchart). Die erste dreht sich darum, wie es Ihnen mit dem Thema geht. Achten Sie im Führungsalltag darauf, Ihre Mitarbeitenden regelmäßig wertzuschätzen oder geht das oft in der Dynamik des Alltags verloren? Die zweite Frage zielt darauf ab, wie Sie Wertschätzung ausdrücken. Wo zeigt sich überall, dass Sie eine wertschätzende Haltung Ihren Mitarbeitenden gegenüber haben? Sprechen Sie ein Lob aus, schreiben Sie eine E-Mail oder ist Wertschätzung für Sie, ein Lächeln zu schenken oder freundlich zugewandt zu sein? Sie haben in den kommenden sieben Minuten Zeit, mit Ihrer Nachbarin bzw. Ihrem Nachbarn die Fragen zu besprechen. Notieren Sie gerne Ihre Ideen zur zweiten Frage. Passt alles?"

Intro

Die Teilnehmenden unterhalten sich. Nach sieben Minuten werden im Plenum die Gesprächsinhalte mitgeteilt und die Aussagen von der Trainerin bzw. dem Trainer auf dem Flipchart (siehe nächste Seite) visualisiert. *„Aufbauend würde ich gerne mit Ihnen ein kleines ‚Wertschätzungsexperiment' machen. Wir haben ja viele verschiedene Formen der Wertschätzung besprochen. Nun soll es um ausgesprochene Wertschätzung gehen. Ich mache es mal vor."*

Die Trainerin bzw. der Trainer geht in die Kreismitte und richtet sich nach seinem Co-Moderator aus. *„Ich spreche nun mal als kleines Wertschätzungsbeispiel zu Dir, mein lieber Co-Moderator Bernd. Lieber Bernd, ich erlebe Dich*

Wie bringe ich als Führungskraft
Wertschätzung zum Ausdruck?

fortwährend als Ratgeber, Impulsgeber und wundervollen Leitungspartner hier im Workshop. Ich sage Danke für dies alles und freue mich auf noch viele Workshops mit Dir!

Nun sind Sie an der Reihe. Es geht darum, dass Sie sich, z.B. auf der Basis von Erfahrungen hier im Workshop oder aus Ihrem Unternehmensalltag, gegenseitig wertschätzen. Gehen Sie hierzu bitte in die Kreismitte und nehmen Sie immer Ihr Gegenüber hier im Stuhlkreis als Ihren Partner oder ihre Partnerin." Nun sprechen die Teilnehmenden nacheinander aus der Kreismitte heraus ihrem direkten Gegenüber ihre Wertschätzung aus.

„Wie erging es Ihnen bei dieser Übung? Verändert sich etwas in der Beziehung? Gibt es Ergänzungen für unseren Flipchart?" Es folgt ein Dialog im Plenum.

Hintergründe

Wertschätzung und Anerkennung sind wichtige Teile der Führungsaktivitäten, da sie ein menschliches Grundbedürfnis befriedigen. Durch ausgesprochene Wertschätzung kann die Führungskraft zeigen, welches Verhalten, welche Arbeitsweisen etc. für ihn/sie wünschenswert sind. Hinzu kommt, dass Mitarbeitende, die regelmäßige Wertschätzung für ihre Arbeit erfahren, in der Regel eine größere emotionale Beziehung sowohl zur Führungskraft als auch zum Unternehmen haben. Durch diese Methode wird das Thema Wertschätzung auf die Agenda der Führungskräfte gebracht und ab sofort bewusster eingesetzt. Durch die praktische Übung erleben sie, welche Wirkungsmacht ein paar anerkennende Worte haben können.

Tipps

- Die Methode eignet sich insbesondere dann, wenn die Teilnehmenden für ihre Wertschätzung auf gemeinsame Erfahrungen zurückgreifen können.
- Damit das Wertschätzen aus der Kreismitte heraus gut von den Teilnehmenden durchgeführt werden kann, sollten Sie dies auf jeden Fall im Rahmen Ihres Intros vormachen.
- Hier ein paar Ideen aus meinen Workshops, die immer wieder zum Thema Wertschätzung genannt werden und die Sie bei Bedarf ergänzend einbringen können:
  - morgens erst einmal durch die Produktion laufen
  - sich Zeit nehmen
  - immer mal ein Lächeln schenken
  - Small Talk
  - die offene Bürotür
  - aktives Zuhören im Gespräch und Meetings
  - regelmäßige Mitarbeitergespräche
  - besondere Weihnachtsfeiern
  - kleine Süßigkeit für jeden am Nikolaustag

Tipps zur Sandwichführung

Sandwich-Führung

Kurzbeschreibung

Die Teilnehmenden sammeln im gegenseitigen Austausch Tipps zum Führungsverhalten in einer Sandwich-Position.

Aufbau

Die Teilnehmenden tauschen sich über sieben Minuten über ihre Erfahrungen in Sandwich-Positionen aus und sammeln Tipps. Danach werden die Gesprächsinhalte im Plenum besprochen und die Trainerin bzw. der Trainer schreibt auf dem Flipchart (siehe links) mit. Im Anschluss stellt die Trainerin bzw. der Trainer ergänzende Gedanken zum Thema vor.

Intro

„Wenn Sie als Führungskraft zwischen Mitarbeitenden und Vorgesetzten stehen, ist das eine sogenannte Sandwich-Position. Wer von Ihnen hat das Glück?" Verschiedene Teilnehmende melden sich.

„Hier liegt unser nächstes Thema und ich würde gerne damit starten, dass wir aus Ihren Erfahrungen schöpfen. Für die, die sich nicht gemeldet haben, ist das Thema ebenso relevant, da berufliche Veränderungen in eine solche Position führen können. Und nicht zuletzt wird Ihr eigenes Verständnis für Menschen in Sandwich-Positionen in Ihrem Hierarchiesystem durch die nun folgenden Dialoge gesteigert.

Besprechen Sie sich nun bitte in den folgenden sieben Minuten zu zweit darüber, was Sie einer jungen Führungskraft raten würden, die in eine solche Position kommt. Was gilt es von Anfang an zu beachten? Wo sind Stolpersteine? Was ist wichtig, damit diese Position gut funktioniert? Danach tauschen wir uns über Ihre Gesprächsinhalte im Plenum aus und bringen alle wichtigen Punkte auf das Flipchart ... Gibt es Fragen? Dann los."

Die Teilnehmenden besprechen ihre Erfahrungen mit dem Thema, die anschließend in der Runde von der Trainerin oder dem Trainer auf dem Flipchart links simultanvisualisiert werden.

Danach beginnt der Vortrag unter Zuhilfenahme des Flipcharts auf der folgenden Seite: *„Sandwich-Führungskräfte verbinden in einer Art Scharnierfunktion die konzeptionelle und operative Ebene und können viel Positives in alle Richtungen bewirken. Ich verstehe diese Position gerne als die des Brückenbauers. In der Sandwich-Position ist die Führungskraft sehr weitreichend innerhalb des Unternehmens vernetzt, sie ist oft über alles sehr gut informiert und kann dementsprechend viel bewirken. Das erreicht sie, indem sie sich ihres Einflussbe-*

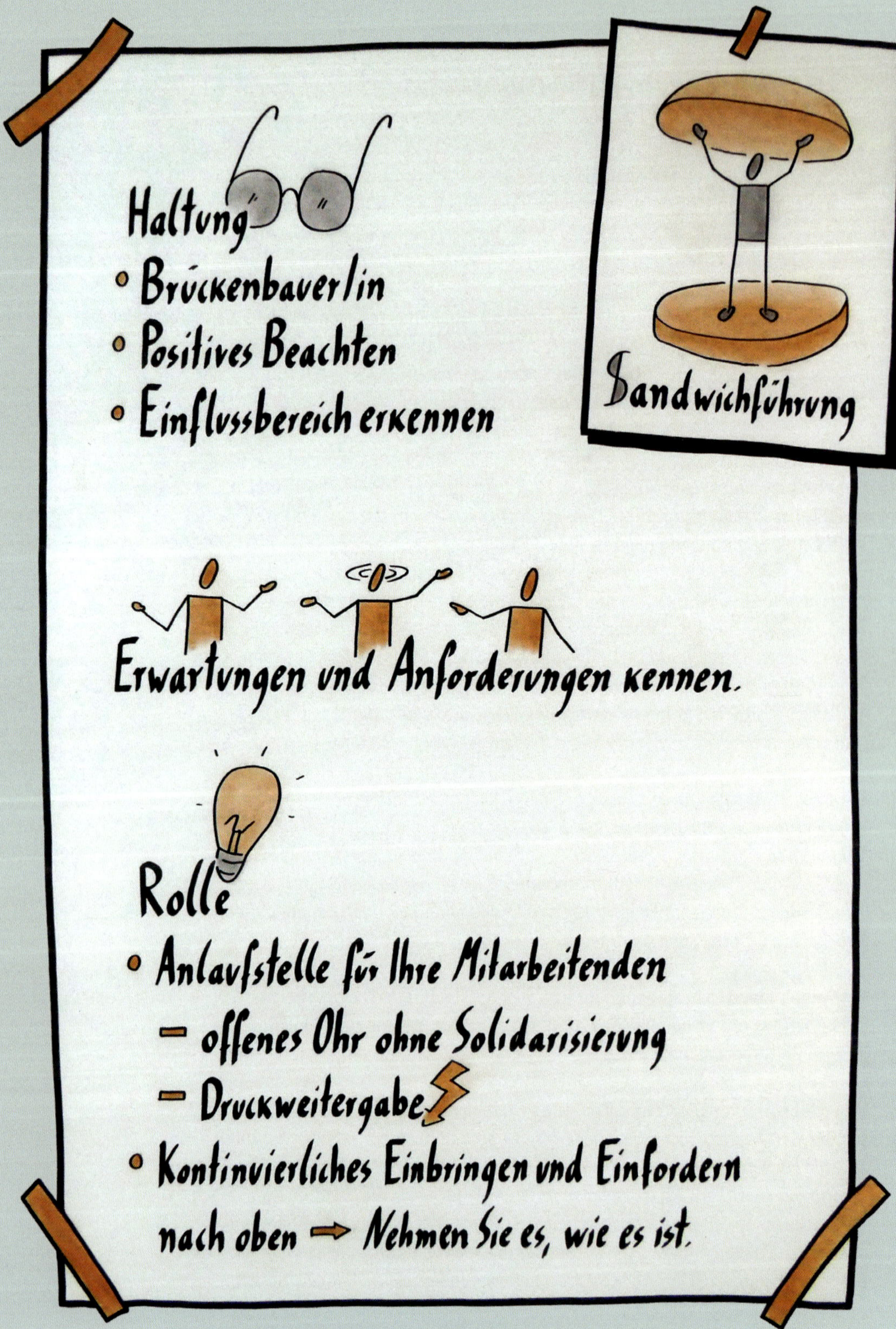
Haltung
• Brückenbauer/in
• Positives Beachten
• Einflussbereich erkennen
Sandwichführung
Erwartungen und Anforderungen kennen.
Rolle
• Anlaufstelle für Ihre Mitarbeitenden
– offenes Ohr ohne Solidarisierung
– Druckweitergabe
• Kontinuierliches Einbringen und Einfordern nach oben → Nehmen Sie es, wie es ist.

reiches bewusst wird und sich auf diesen konzentriert. Auf diese Weise erkennt sie ihren Gestaltungsfreiraum und kann diesen sinnvoll nutzen.

In Sandwich-Positionen sollten Sie sich der Erwartungen und Anforderungen, die von beiden Seiten gestellt werden, bewusst sein. Sie können situativ – hören Sie hier auf Ihr Bauchgefühl – Ihre Vorgesetzten, einzelne Mitarbeitende oder sogar Ihr Gesamtteam direkt fragen. In Teamtrainings, in denen die Führungskraft zugegen ist, führe ich sehr gerne diese Übung durch. Hier bekommt sowohl das Team als auch die Führungskraft Zeit, sich darüber bewusst zu werden, welche Erwartungen bereits erfüllt werden und an welchen Stellen noch Potenziale sind. Dabei entwickelt sich immer ein gewinnbringender Austausch und ein wichtiger Schritt für eine gute Zusammenarbeit ist getan.

In einer Sandwich-Position ist es aus meiner Erfahrung besonders wichtig, dass Mitarbeitende das Gefühl haben, dass Sie für ihre Ideen, Wünsche und Probleme ein offenes Ohr haben, ohne in eine Solidarisierung gegen ‚Die da oben' zu verfallen. Damit kommen Sie schnell in Schwierigkeiten.

Der Druck, der in Form von Zielen, Anweisungen etc. von oben kommt, den müssen Sie gefiltert nach unten weitergeben. Wichtig ist, Hintergründe und Sinnhaftigkeit von Themen zu erklären, dann ziehen mehr Mitarbeitende mit.

Nach oben ist ein stetiger Kontakt wichtig. Sie sollten sich einbringen und einfordern, was Sie brauchen. Wobei mir das Wort einfordern etwas zu bestimmend ist. Wenn etwas gut begründet ist und die Beziehung zum Vorgesetzten passt, dann ist vieles möglich. Nehmen Sie die Rahmenbedingungen und Ihren Chef oder Ihre Chefin, wie sie sind. Wogegen Sie kämpfen, dem geben Sie Kraft. Oft können wir Dinge erst verändern, wenn wir sie akzeptiert haben. Zuletzt: Konzentrieren Sie sich auf die Chancen, die in dieser Position liegen, und gestalten Sie zum Wohle aller Ihr Unternehmen mit."

Hintergründe

Eine aktivierende Methodenkombination, die persönliche Erfahrungen und Tipps durch die Trainerin bzw. den Trainer miteinander verbindet.

Tipps

- Wenn Sie Teilnehmende im Workshop haben, die noch nie in einer Sandwich-Position waren, dann teilen Sie diese mit Führungskräften ein, die Erfahrung in dieser Rolle haben. Sie können diesen Personen dann z.B. die Aufgabe geben, zu interviewen.
- Im Buch „Teamdynamik entwickeln, begleiten, gestalten" ist die unter Intro erwähnte Übung unter dem Titel „Erwartungsfeedback" einzusehen.

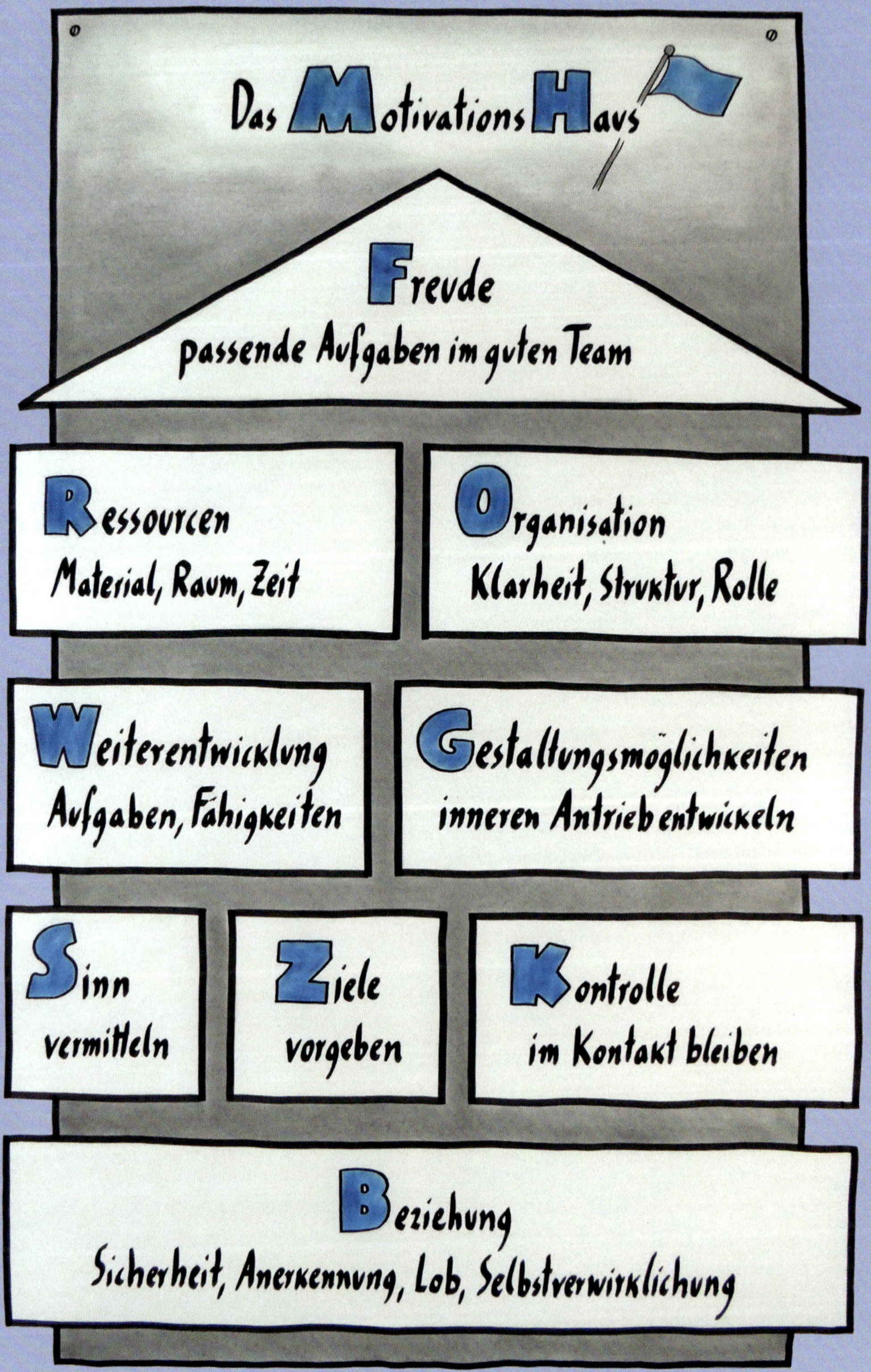

Das MotivationsHaus
Freude
passende Aufgaben im guten Team
Ressourcen
Material, Raum, Zeit
Organisation
Klarheit, Struktur, Rolle
Weiterentwicklung
Aufgaben, Fähigkeiten
Gestaltungsmöglichkeiten
inneren Antrieb entwickeln
Sinn
vermitteln
Ziele
vorgeben
Kontrolle
im Kontakt bleiben
Beziehung
Sicherheit, Anerkennung, Lob, Selbstverwirklichung

Das Motivationshaus

Kurzbeschreibung

Die Teilnehmenden lernen das Motivationshaus-Modell kennen und arbeiten es exemplarisch für einen ihrer Mitarbeitenden durch.

Aufbau

Zu Beginn wird den Teilnehmenden das Motivationshaus in Form eines Kurzvortrags vorgestellt (siehe Intro). Danach erhält jede bzw. jeder Einzelne die Aufgabe, sich beispielhaft einen Mitarbeitenden auszusuchen und mit den Motivationsfaktoren des Modells über 15 Minuten abzugleichen.

Zurück im Plenum bekommen die Teilnehmenden drei rote Klebepunkte, mit denen die Felder des Flipcharts markiert werden können, zu denen ein weiterer Austausch gewünscht wird. Zum Abschluss werden die gewählten Themen diskutiert und ggf. Erkenntnisse simultan visualisiert.

Intro

„Nun widmen wir uns einem der wichtigsten Themenfelder im Führungsbereich: der Motivation. Hier sehen Sie das Motivationshaus, das aus den wichtigsten Bausteinen der Mitarbeitermotivation besteht.

- *Da ist zu allererst die **Beziehung** der Führungskraft zum Mitarbeitenden zu nennen. Wenn grundsätzlich eine gute Bindung und Beziehung bestehen, geht dies immer mit einer größeren Verbindlichkeit und mehr Motivation der Mitarbeitenden bei der Erledigung ihrer Aufgaben einher.*
- ***Sinn** in der eigenen Tätigkeit zu erleben, ist ein wichtiger Faktor der Motivation. Wenn Sie im Rettungsdienst tätig sind, ist der Sinn sehr naheliegend, bei der Arbeit in einer Schraubenfabrik vielleicht etwas weiter weg. Wichtig ist, dass Sie als Führungskräfte Sinn vermitteln.*
- *Überzeugende, erreichbare **Ziele** vorzugeben, ist nicht nur eine Aufgabe für das Mitarbeitergespräch. Mit konkreten Zielsetzungen norden Sie Ihre Mitarbeitenden ein, Sie geben ihnen die Möglichkeit, etwas zu erreichen, zu wachsen und Engagement zu zeigen.*
- ***Kontrolle** ist, im richtigen Maß ausgeführt, nichts Negatives. Mit einer wohlwollenden Haltung verwandelt sich Kontrolle in Interesse. Wenn Sie mit Ihren Mitarbeitenden Absprachen treffen und diese dann nicht überprüfen, wirkt das schnell sehr beliebig. Deshalb halten Sie Kontakt zu Ihren Mitarbeitenden, vermitteln Sie das Gefühl, dass Sie diese und ihre Aufgaben im Blick haben.*
- *Kontinuierliche **Weiterentwicklung**, sei es durch neue Aufgaben oder die stetige Weiterentwicklung von persönlichen und fachlichen Kompetenzen, sind entscheidend für einen motivierten Mitarbeitenden. Bieten Sie Ihren Mitarbeitenden Gestaltungsmöglichkeiten für ihre Arbeit. Geben Sie nicht*

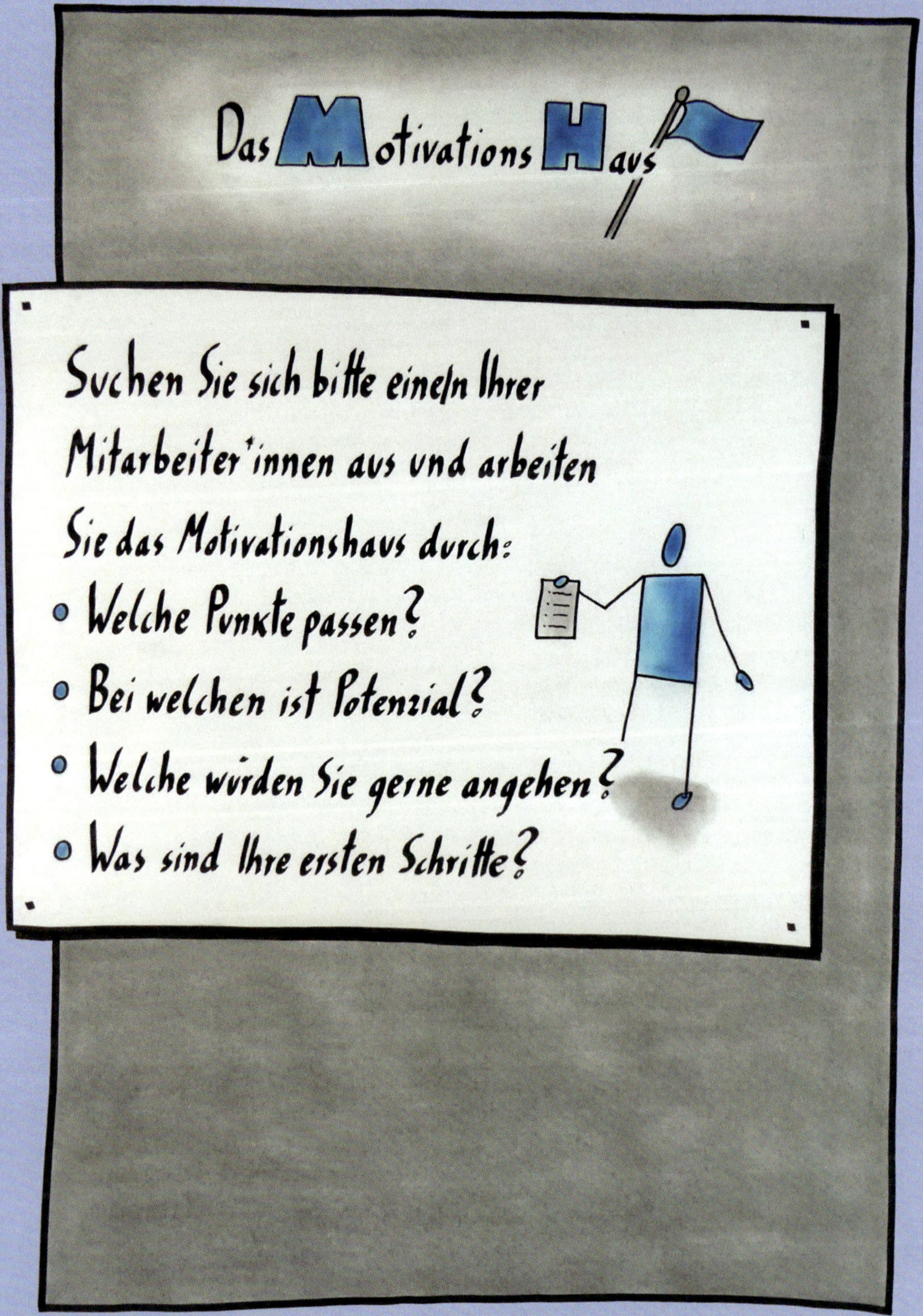
Das Motivations Haus
Suchen Sie sich bitte eine/n Ihrer Mitarbeiter*innen aus und arbeiten Sie das Motivationshaus durch:
• Welche Punkte passen?
• Bei welchen ist Potenzial?
• Welche würden Sie gerne angehen?
• Was sind Ihre ersten Schritte?

jeden Schritt vor, sondern lassen Sie Platz für kreativen Freiraum. So fördern Sie den inneren Antrieb und die Selbstständigkeit ihrer Mitarbeiterinnen und Mitarbeiter und schaffen sich selbst Freiraum.

- *Schauen Sie auf die zur Verfügung stehenden* **Ressourcen**. *Sind Arbeitsmittel, Zeit etc. ausreichend vorhanden?*
- *Wie ist der Stand der Prozesse und Strukturen in Ihrer* **Organisation**? *Sind diese klar definiert?*
- *Und last but not least: Wie ist beim Einzelnen, im Team und im Unternehmen die* **Stimmung**? *Beachten Sie hierbei, dass die Energie immer von oben nach unten geht. Haben Sie das Miteinander ausreichend im Blick? Ist Ihre Tür offen und kümmern Sie sich? Die Stimmung und die Atmosphäre bilden das Dach, das alles überspannt. Bleiben Sie in diesem Punkt besonders aufmerksam.*

Jede Mitarbeiterin und jeder Mitarbeiter tickt natürlich anders und hat unterschiedliche Gewichtungen bei den jeweiligen Motivationsfaktoren. Wichtig ist, dass Sie das Thema zu Ihrem Thema machen. Suchen Sie sich in Gedanken nun bitte einen Ihrer Mitarbeitenden aus und gehen Sie die einzelnen Motivationsfaktoren einmal für sich durch. Auf diesem Flipchart finden Sie ein paar Hilfsfragen! ... Wir sehen uns um 14:30 Uhr wieder hier im Raum. Sie haben also 15 Minuten Zeit. Machen Sie sich gerne ein paar Notizen. Eine Kopie des Flipcharts liegt hier bereit! Gibt es noch etwas? ... Dann starten wir nun."

Hintergründe

Den ersten Satz, den ich über Motivation in meinem Studium gelernt habe, war meines Erachtens auch der treffendste. Mein damaliger Professor sagte: „Motivation ist, wenn nichts dagegen spricht." Im Grunde ist jeder Mensch intrinsisch, also aus sich selbst heraus motiviert. Was es braucht, um motiviert zu bleiben, ist, dass Faktoren, die die Motivation beeinträchtigen, wie z.B. Langeweile, Überforderung etc., sich nicht etablieren. Deshalb gefällt mir das Modell des Motivationshauses sehr gut. Hier werden verschiedene Faktoren genannt, anhand derer die Teilnehmenden für sich reflektieren können, welche Hindernisse gegebenenfalls noch aus dem Weg zu räumen sind.

Tipp

Die einzelnen Motivationsfaktoren auf dem Flipchart können mit Stattys abgedeckt werden, bis sie im Vortrag an der Reihe sind.

Material

Kopie des Motivationshauses für die Einzelarbeit (siehe Online-Ressourcen), Stifte und Blöcke für Notizen, Klebepunkte und evtl. Stattys

---

Quelle: Angelehnt an das Motivationshaus von: Blümmert, Gisela (2011): Führungstrainings erfolgreich leiten. managerSeminare, Bonn.

DOBBELS

Dobbels

Kurzbeschreibung

Die Teilnehmenden haben eine Austauschpartnerin oder einen Austauschpartner über den gesamten Workshop oder über ein Führungskräfteprogramm.

Aufbau

Die Teilnehmenden bekommen am Ende des ersten Workshop-Tages die Gelegenheit, sich zu zweit über diesen auszutauschen. Die Paare werden per Los zugeordnet. Je nach thematischer Gestaltung können Hilfsfragen mit an die Hand gegeben werden (siehe Intro). Die Methode wird durch ein Blitzlicht im Plenum abgerundet. Bei längeren Workshops oder Modulen wird die Methode immer mit derselben Partnerin oder demselben Partner wiederholt.

Intro

„Zum Ende unseres ersten Workshop-Tages würde ich nun gerne Dobbels einführen. Dies bedeutet, dass Sie sich über die Dauer unseres Führungskräfteprogramms immer wieder zu zweit mit derselben Partnerin oder demselben Partner über Ihre Gedanken und was Sie aus dem Tag mitnehmen, austauschen. Es hat sich als günstig erwiesen, dass wir auslosen, wer mit wem zusammenkommt. Ich kann Ihnen aus meiner Erfahrung sagen, es kommen immer die Richtigen zusammen." Die Trainerin oder der Trainer lost aus.

„Nun, wo Sie Ihr Gegenüber gefunden haben, möchte ich Ihnen gerne 30 Minuten Zeit geben. Gehen Sie gerne eine Runde spazieren und tauschen Sie sich darüber aus, wie Sie den Tag erlebt haben, welche Workshop-Inhalte Sie besonders bewegt oder inspiriert haben und was Sie aus dem Tag mitnehmen. Danach machen wir noch eine kurze Abschlussrunde, in der jede bzw. jeder so viel von sich berichten kann, wie sie oder er gerne möchte. Die Fragen habe ich Ihnen hier als Handzettel ausgedruckt und neben den Ausgang gelegt. Passt alles? … Dann los."

Hintergründe

Dobbels sind insbesondere bei Workshops über drei Tage oder bei längeren Führungskräfteprogrammen sinnvoll. Der regelmäßige Austausch mit derselben Person bietet eine kontinuierliche, intensive Reflexions- und Transfermöglichkeit. Wenn der Rahmen passt, können sich die Dobbels auch zwischen den Modulen eines Führungskräfteprogramms austauschen.

Tipps

- Wenn Sie keine Handzettel vorbereitet haben, sondern spontan Leitfragen visualisieren, können sich die Teilnehmenden diese abfotografieren und mitnehmen.
- Dobbels können auch zum kontinuierlichen Feedback-Geben genutzt werden.

Material

Handzettel mit Leitfragen (siehe Online-Ressourcen)

Führung erleben und reflektieren

In diesem Kapitel liegt der Schwerpunkt darin, das konkrete Erleben und Reflektieren von Führung zu ermöglichen. Zu Beginn stellt sich eine Führungskraft, oder je nach Übung mehrere, zur Verfügung, die dann im Anschluss gemeinsam mit dem Team eine Führungsherausforderung besteht. Abschließend folgt eine Reflexion, bei der der Fokus auf die erlebte Führungsdynamik und die Führungsaktion gelegt wird. Der Transfer des Erfahrenen in den beruflichen Alltag steht als Ziel im Mittelpunkt dieses Prozesses.

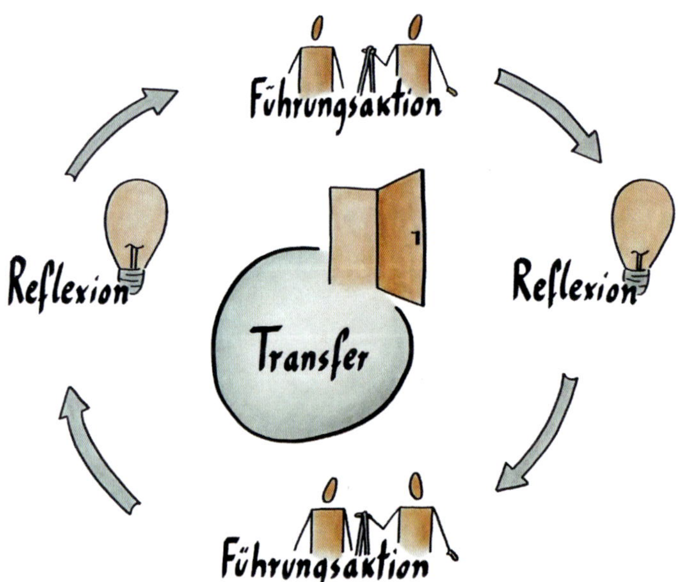

Bei dieser Form des erfahrungsorientierten Lernens wird Führung erlebbar. Es bietet der handelnden Führungskraft die Chance, mehr Bewusstheit für das eigene Führungsverhalten zu erlangen. Die übrige Gruppe profitiert davon, unterschiedliche Führungspersönlichkeiten, Herangehensweisen und Wirkungen zu erleben und zu reflektieren.

Das gezeigte Verhalten ist (in der Regel) authentisch, da Führungskräfte sich selbst und damit ihre Haltung, ihr Verhalten und ihre Strategien immer mitnehmen. So spiegelt das in der Führungsaktion gezeigte Verhalten genau das Verhalten wider, das die Führungskraft auch im Alltag zeigt.

Da bei den Übungen dieses Kapitels Einzelne aus der Gruppe im Fokus stehen, ist es wichtig, als Trainerin bzw. Trainer auf den richtigen Zeitpunkt zu achten. Die Gruppe sollte sich ausreichend kennen, gegenseitiges Vertrauen aufgebaut haben und wertschätzendes Feedback geben können. Bei innerbetrieblichen Workshops kann es vorkommen, dass das Führungsteam noch nicht das notwendige Vertrauen aufgebaut hat, um eine dieser Übungen samt Reflexion stimmig in der Großgruppe durchführen zu können. Hier lohnt es sich, die Gruppe zu teilen und die Co-Trainerin bzw. den Co-Trainer für die zweite Gruppe einzusetzen.

I. Führungsaktionen

Die im Folgenden dargestellten Methoden („Führungsaktionen"), bei denen eine bzw. einer der Teilnehmenden die Rolle der Führungskraft übernimmt, macht Führung im Rahmen des Workshops erfahrbar. Im weiteren Prozess kann daher die unmittelbar erlebte, eigene individuelle Führungsarbeit reflektiert werden, um so Impulse zur Weiterentwicklung mitzunehmen. Gleichzeitig profitiert die ganze Gruppe von den gemeinsamen Beobachtungen und ihrer Erfahrung, sich führen zu lassen.

In der Regel besteht die Führungsaktion aus fünf Phasen:

1. Die Vermittlung der Aufgabenstellung an die Führungskraft durch die Trainerin bzw. den Trainer

Zum Start erklärt sich eine Teilnehmerin oder ein Teilnehmer bereit, die Rolle der Führungskraft bei einer Führungsaktion zu übernehmen. (Hinweis: Die Rollenverteilung wird bei den meisten Übungen nicht mehr explizit beschrieben. Hier kann sich jemand direkt melden, die Gruppe kann abstimmen oder das Los entscheidet.) Abseits der Gruppe, unter Zuhilfenahme des aufgeführten Methoden-Flipcharts, wird diese Person durch die Trainerin bzw. den Trainer mit der Aufgabenstellung vertraut gemacht. Je nach Situation kann danach der Führungskraft etwas Zeit gegeben werden, um sich auf die „Challenge" vorzubereiten. Die Führungskraft kann das jeweilige Methoden-Flipchart für die Vermittlung der Aufgabe an die Mitarbeitenden nutzen.

2. Die Erklärung der Aufgaben durch die Führungskraft

Wenn die Führungskraft ihren Mitarbeitenden die Aufgabenstellung erklärt, können Sie als Trainerin oder Trainer z.B. auf Kompetenzen wie Klarheit oder Motivationswirkungen achten, um diese Beobachtungen in der späteren Reflexion einfließen zu lassen.

3. Die Strategieentwicklung oder -vermittlung

Mit Start der Strategieentwicklung bleiben Sie als Trainerin bzw. Trainer in Hör- und Sichtweite, befinden sich aber im deutlichen Abstand zur Gruppe.

Ab jetzt interagieren Sie nicht mehr mit den Teilnehmenden, außer es geht um Sicherheitsmaßnahmen oder Übungsregularien. Ihre Aufgabe ist es nun, mit allen Sinnen den Prozess zu beobachten. Einige Führungskräfte gehen hier z.B. sehr moderativ bzw. kollegial vor: Sie suchen gemeinsam mit ihren Mitarbeitenden nach Ideen, besprechen diese und wählen abschließend die Lösung aus, die den größten Zuspruch findet. Andere verfolgen direkt ihren eigenen Lösungsansatz und klären ihre Mitarbeitenden nur darüber auf, wie die weitere Vorgehensweise aussieht. Hier gibt es unzählige Varianten. Entscheidend ist, dass Sie als Trainerin oder Trainer nichts vorgeben, sondern ausschließlich darauf achten, wie die Führungskraft agiert.

4. Die Durchführung der Führungsaktion

Für Sie steht nun weiterhin im Mittelpunkt, möglichst viel wahrzunehmen, um die Reflexion und den Transfer nach der Übung gut leiten zu können. Die Beobachterrolle erfordert für die Trainerin bzw. den Trainer etwas Übung. Hilfreich ist es, sich einerseits der Perspektive von außen bewusst zu sein, sich aber andererseits parallel immer wieder in die aktuelle Situation der Führungskraft und der Mitarbeitenden einzufühlen. Folgende Fragen können Sie bei Ihrer Aufgabe unterstützen:

- Wie wirkt das Zusammenspiel gerade von außen?
- Wie würde es mir jetzt als Führungskraft gehen?
- Wie würde ich mich als Mitarbeiterin oder Mitarbeiter gerade fühlen?

5. Die Reflexion der Führungsaktion

Die Reflexion lebt davon, dass die Teilnehmenden ihre Erfahrungen und Gefühle offen wiedergeben. Allerdings sind die Beobachtungen der Trainerin bzw. des Trainers von enormer Bedeutung, um weitergehende Aspekte anzusprechen. Daher möchte ich beispielhaft noch einige Fragen aufführen, die Ihnen helfen, so viel wie möglich im Prozess wahrzunehmen:

- Nutzt die Führungskraft die Teamintelligenz? Sammelt sie Ideen zum Lösen der Aufgabe?
- Ist die Führungskraft moderativ, kollegial oder bestimmend?
- Setzt die Führungskraft den besprochenen Plan in die Tat um?

- Packt sie mit an oder delegiert sie? Behält sie die Übersicht (abhängig von der Teamgröße)?
- Wie geht die Führungskraft mit schwierigen Situationen, z.B. Konflikten, um?
- Nimmt sie die Beteiligten individuell wahr und hat mit jeder bzw. jedem Teilnehmenden Kontakt?
- Wird die Führungskraft vom Team als Führungskraft angenommen/wahrgenommen?
- Wie verhält sich die Führungskraft bei Erfüllung der Aufgabe?
- Lobt die Führungskraft?
- Wie verhält sich das Team?

Je öfter Sie als Trainerin oder Trainer diese Methodik nutzen, desto mehr Details werden Sie beobachten. Durch die Rückmeldungen der Teilnehmenden während der Reflexionsphase lernen Sie als Leiterin oder als Leiter stetig hinzu. Und noch ein Tipp: Die Führungsaktionen dauern oft länger, daher kann es sinnvoll sein, sich von Beginn an Notizen zu machen.

Wenn Sie an weiteren Methoden interessiert sind, finden Sie diese im Buch „Teamdynamik entwickeln, begleiten, gestalten" (ab Seite 131), das im Verlag managerSeminare im Jahr 2019 erschienen ist. Dort sind Teamaktionen beschrieben, die Sie leicht in den Führungskontext transferieren können.

Index – Führungsaktionen

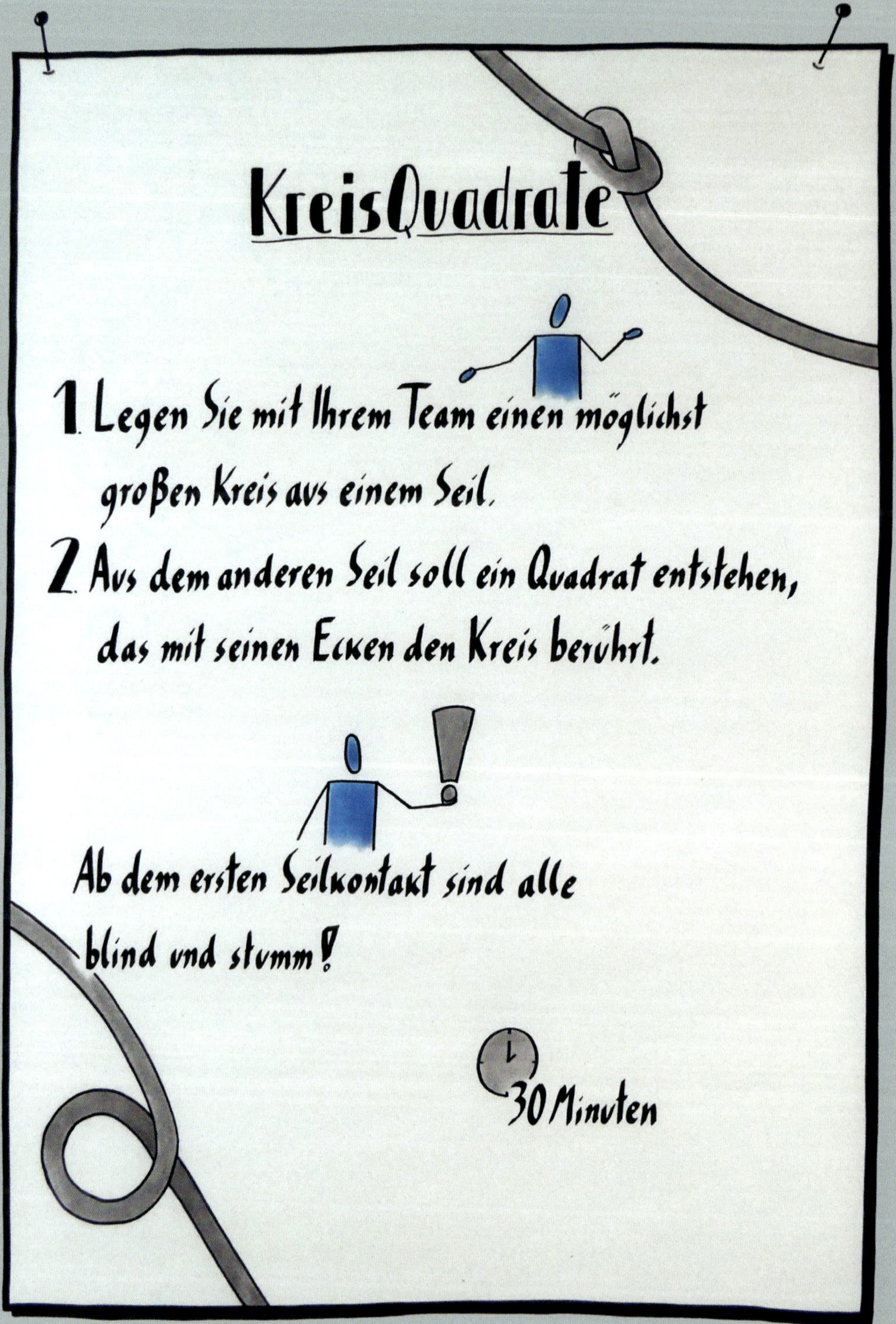
KreisQuadrate
1. Legen Sie mit Ihrem Team einen möglichst großen Kreis aus einem Seil.
2. Aus dem anderen Seil soll ein Quadrat entstehen, das mit seinen Ecken den Kreis berührt.
Ab dem ersten Seilkontakt sind alle blind und stumm!
30 Minuten

Kreisquadrate

Kurzbeschreibung

Die Führungskraft und ihr Team entwickeln eine Strategie, mit der sie anschließend stumm und blind mit einem Seil einen Kreis und ein Quadrat legen.

Aufbau

Die Führungskraft erhält von der Trainerin bzw. dem Trainer die Herausforderung, gemeinsam mit ihrem Team eine Strategie zu entwickeln, wie die Gruppe gemeinsam mit einem Seil einen möglichst großen Kreis legt. In diesen Kreis muss mit einem zweiten Seil ein Viereck so platziert werden, dass dessen Ecken den Kreis berühren. Wichtig: Alle Gruppenmitglieder haben dabei verbundene Augen und dürfen nicht sprechen. Die Gruppe verabredet ein Zeichen, mit dem sie die Übung als beendet erklärt. Inklusive der Strategieplanung hat das Team 30 Minuten Zeit, um die Aufgabe zu meistern.

Intro

„Ihre Aufgabe besteht nun darin, mit Ihrem Team einen möglichst großen Kreis aus diesem Seil auf dem Boden zu legen. Aus dem anderen Seil soll ein Quadrat entstehen, das den Kreis mit seinen Ecken berührt. Die besondere Herausforderung besteht darin, dass Sie, nachdem Sie eine Strategie geplant haben, die Aufgabe mit verbundenen Augen und ohne zu sprechen erledigen müssen. Verabreden Sie bitte ein Signal, mit dem Sie die Übung als erfolgreich beendet erklären. Sie haben insgesamt 30 Minuten Zeit."

Hintergründe

Bei dieser Übung liegt die Krux darin, dass die Gruppe die richtige Strategie entwickelt, bevor sie anfängt, die Seile zu legen. Da die Teilnehmenden bei der Durchführung weder verbal noch nonverbal kommunizieren können, ist eine spontane Planänderung quasi nicht mehr möglich. Diese Übung kann die Führungskraft nutzen, um ganz allgemein ihre Führungsqualitäten zu zeigen. Insbesondere wird hier aber deutlich, wie sie mit der Ressource Zeit umgeht.

Tipps

- Die zur Verfügung stehende Zeit sollte gruppenabhängig gewährt werden. 30 Minuten sind bei dieser Übung für unerfahrene Führungskräfte und Teams herausfordernd. Sie als Trainerin oder Trainer können daher überlegen, ob Sie das Zeitkontingent auf 45 Minuten erhöhen.
- Beim Legen der Seile nutzen die Gruppen zur Kommunikation oft im Vorfeld abgesprochene Laute wie Pfeifen oder Stampfen. Das ist erlaubt.

Material

Zwei 10 Meter lange Seile, Augenbinden

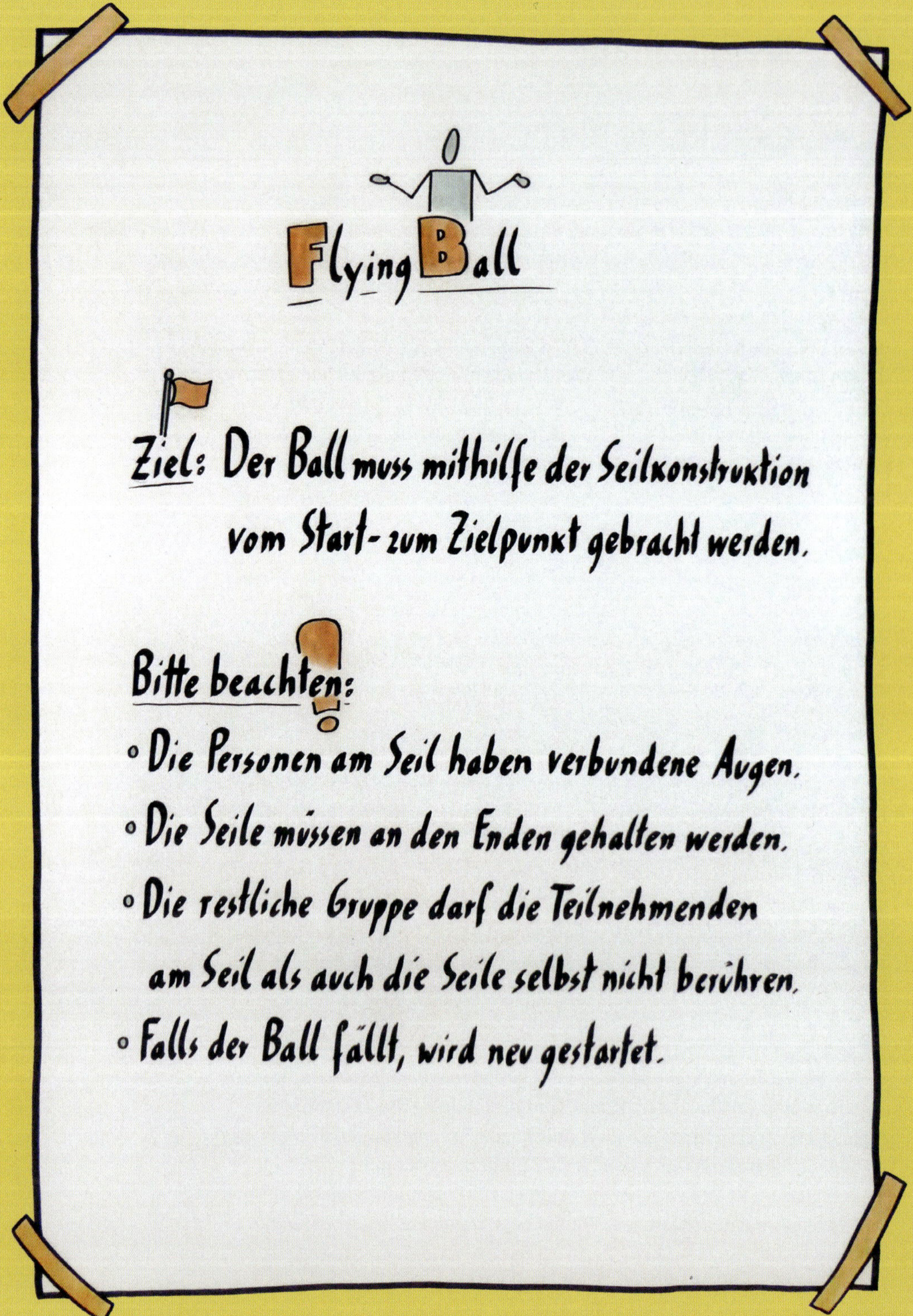
Flying Ball
Ziel: Der Ball muss mithilfe der Seilkonstruktion vom Start- zum Zielpunkt gebracht werden.
Bitte beachten:
◦ Die Personen am Seil haben verbundene Augen.
◦ Die Seile müssen an den Enden gehalten werden.
◦ Die restliche Gruppe darf die Teilnehmenden am Seil als auch die Seile selbst nicht berühren.
◦ Falls der Ball fällt, wird neu gestartet.

Flying Ball

Kurzbeschreibung

Eine Führungskraft leitet ihre Mitarbeitenden zu einem vorgegebenen Ziel. Die Herausforderung: Die Mitarbeitenden haben verbundene Augen und müssen mithilfe einer Seilkonstruktion einen Ball transportieren. Die Übung sollte draußen durchgeführt werden.

Aufbau

Die Trainerin bzw. der Trainer erklärt der Führungskraft zu Beginn den Auftrag. Dieser besteht darin, gemeinsam mit dem Team und unter Zuhilfenahme einer Seilkonstruktion einen Ball von einem Start- zu einem Zielpunkt zu bringen. Die Akteurinnen und Akteure am Seil haben verbundene Augen und halten die Konstruktion an den jeweiligen Seilenden fest. Die übrigen Gruppenmitglieder dürfen sowohl die Personen am Seil als auch die Seile selbst nicht berühren. Falls der Ball herunterfällt, wird neu gestartet. Für die gesamte Übung hat die Gruppe 30 Minuten Zeit.

Intro

„Für die nächste Übung brauchen wir eine Person, die die Rolle der Führungskraft übernehmen möchte." Die Gruppe hat sich geeinigt. Die Trainerin bzw. der Trainer bespricht sich mit der Führungskraft:

„Ihre Aufgabe ist es nun, mit Ihrem Team eine Strategie zu entwickeln, um mithilfe der Seilkonstruktion den Ball vom Startpunkt (Trainer zeigt auf den Startpunkt) *zum Ziel zu bringen und auf dieses Rohrende zu setzen. Für die Durchführung gelten folgende Regeln:*

Die vier Mitarbeiterinnen und Mitarbeiter am Seil haben verbundene Augen und dürfen die Seile nur an den jeweiligen Enden festhalten. Die anderen Teammitglieder dürfen weder die Personen am Seil noch die Seile selbst berühren. Falls der Ball herunterfällt, fängt die Übung von vorne an. Sie haben für die gesamte

Flying Ball

Ziel: Der Ball muss mithilfe der Seilkonstruktion vom Start- zum Zielpunkt gebracht werden.

Bitte beachten!

- Die Personen am Seil haben verbundene Augen.
- Die Seile müssen an den Enden gehalten werden.
- Die restliche Gruppe darf die Teilnehmenden am Seil als auch die Seile selbst nicht berühren.
- Falls der Ball fällt, wird neu gestartet.

Aktion 30 Minuten Zeit. Sie haben innerhalb dieser 30 Minuten beliebig viel Zeit zum Planen zur Verfügung. Gibt es Fragen? Dann los!"

Hintergründe

Die Übung braucht sehr viel Achtsamkeit und Ruhe, um erfolgreich gemeistert zu werden. Durch die unterschiedlichen Anforderungen an die einzelnen Teammitglieder – einige sind blind, einige können sehen – ist von der Führungskraft sowohl Klarheit als auch Empathie gefragt. In der anschließenden Reflexion kann insbesondere die Kommunikation zwischen Führungskraft und dem Team im Fokus stehen.

Tipps

- Achten Sie bei der Auswahl der Strecke darauf, dass diese nicht zu einfach zu bewältigen ist. Die Aufgabe wird schwieriger, wenn z.B. eine Engstelle (zwischen Bäumen, Sträuchern etc. hindurch) enthalten ist.
- Zum Befördern der Seilkonstruktion können Sie die einzelnen Seile mit Clips zusammenbringen, sodass sich diese nicht ineinander verwickeln und sie immer schnell „betriebsbereit" sind.

Material

Die Übungskonstruktion kann selbst gebaut werden. Dazu benötigt man vier bis sechs dünne Seile (je 1,80 m), einen Metallring (Schaukelring) und zwei Kupferrohre (CU-Rohre, 22 mm Durchmesser, 18 cm Länge). Darüber hinaus braucht es für die Übung einen Tennis- oder Knautschball sowie Augenbinden. Für die Bodeninstallation des Rohres kann ein Hammer dienlich sein.

Das Equipment gibt es alternativ bei diversen Anbietern fertig zu kaufen. Suchen Sie im Internet unter dem Begriff „Balltransport".

Domino-Event

Integrieren Sie folgende Punkte:

- drei Gegenstände
- ein "Gimmick"
- die Buchstaben D und E
- 5 Kurven und 2 Kreuzungen
- einen Höhenunterschied von 35cm

! alle Steine müssen verbaut werden

75% müssen fallen

Domino-Event

Die Führungskraft leitet das Team bei der Entwicklung eines Domino-Events. *Kurzbeschreibung*

Aufbau

Die Führungskraft wird von der Trainerin bzw. dem Trainer instruiert, mit dem Team einen Domino-Event zu planen und einen entsprechenden Parcours aufzubauen, bei dem unterschiedliche Punkte zu berücksichtigen sind. Die Strecke muss drei Gegenstände aus dem Workshop-Raum, ein Gimmick sowie die Buchstaben D und E beinhalten. Zudem muss sie fünf Kurven, zwei Kreuzungen und an einer Stelle einen Höhenunterschied von mindestens 35 Zentimetern aufweisen. Zudem müssen alle Dominosteine verbaut werden, und es müssen nach Anstoß des ersten Steines 75 Prozent der aufgebauten Steine umfallen. Zur Erledigung der Aufgabe hat die Führungskraft mit dem Team 45 Minuten Zeit.

Intro

„Sie bekommen nun von mir die Aufgabe, mit Ihrem Team innerhalb der nächsten 45 Minuten einen Domino-Event vorzubereiten. Hierbei müssen Sie folgende Punkte in die Strecke integrieren: drei zusätzliche Gegenstände aus dem Workshop-Raum, ein Gimmick, die Buchstaben D und E, fünf Kurven, zwei Kreuzungen und an einem Punkt der Strecke einen Höhenunterschied von mindestens 35 Zentimetern. Bitte beachten Sie, dass Sie alle Steine verbauen müssen und am Ende 75 Prozent umgefallen sein müssen. Sie können für das Gespräch mit Ihrem Team gerne das Flipchart mit den Rahmenbedingungen der Übung nutzen. Haben Sie Fragen? Dann los!"

Hintergründe

Das Domino-Event ist eine spannungsgeladene Übung, die von der Führungskraft viel abverlangt. Sie braucht eine gute Planung und viel Flexibilität. Während des Bauens muss kontinuierlich nach passenden Lösungen gesucht werden. Hierfür braucht es ein hohes Maß an Koordination und Abstimmung zwischen allen Beteiligten.

Tipp

Sie können ebenso die Führung von mehreren Teams simulieren, indem die Gruppe aufgeteilt und mit unterschiedlichen oder gleichen Vorgaben in mehreren Räumen simultan gearbeitet und geführt wird.

Material

Dominosteine, Zollstock (zum Abmessen der 35 cm)

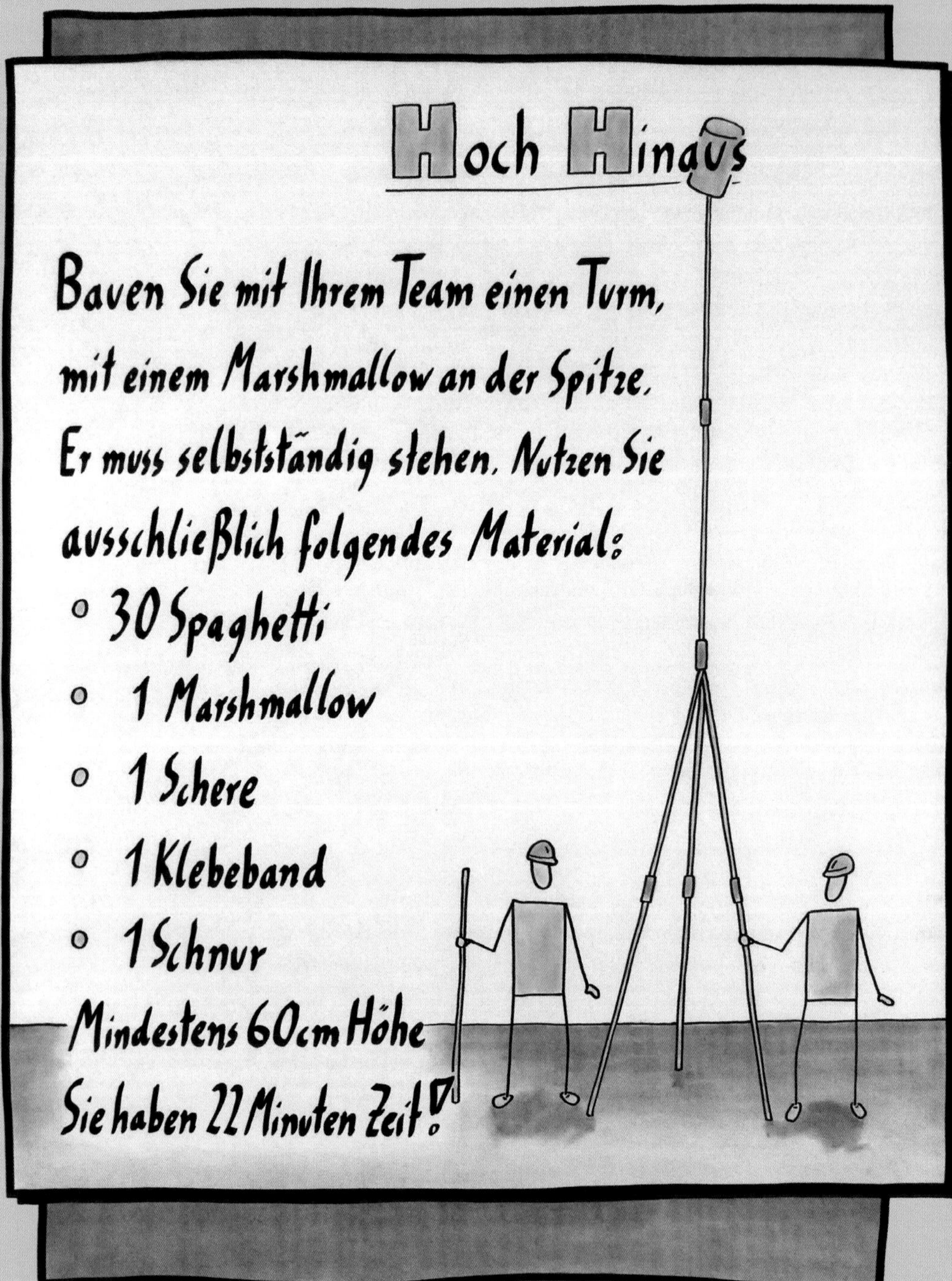
Hoch Hinaus
Bauen Sie mit Ihrem Team einen Turm, mit einem Marshmallow an der Spitze. Er muss selbstständig stehen. Nutzen Sie ausschließlich folgendes Material:
30 Spaghetti
1 Marshmallow
1 Schere
1 Klebeband
1 Schnur
Mindestens 60 cm Höhe
Sie haben 22 Minuten Zeit!

Hoch hinaus

Kurzbeschreibung

Mehrere Führungskräfte planen und bauen mit ihrem Team einen Turm aus unterschiedlichen Komponenten.

Aufbau

Die Gruppe wird in mehrere Teams eingeteilt, die jeweils eine Führungskraft benennen. Diese bekommen die Aufgabe, mit ihrem Team einen selbstständig stehenden Turm aus 30 Spaghetti, einem Marshmallow, einer Schere, einem Klebeband (ein Meter) und einer Schnur (ein Meter) zu fertigen. Der Turm sollte mindestens 60 Zentimeter hoch sein und darf nicht am Boden festgeklebt werden. Das Marshmallow muss als Spitze verbaut werden. Zum Planen und Bauen stehen 22 Minuten zur Verfügung.

Intro

„In unserer folgenden Aufgabe arbeiten wir in mehreren Teams parallel. Ich habe hier Lose, durch die Sie in Gruppen eingeteilt werden. Nach der Einteilung legt bitte jede Gruppe erst einmal fest, wer aus ihren Reihen die Führungsrolle übernehmen soll." Die Trainerin bzw. der Trainer teilt die Lose aus, die Gruppen finden sich zusammen und wählen ihre Führungskraft.

Anschließend bespricht sich die Trainerin oder der Trainer mit den ausgewählten Führungskräften z.B. in einem separaten Raum: *„Sie sehen schon, bei der kommenden Aufgabe geht es hoch hinaus. Sie haben gleich 22 Minuten Zeit, um mit Ihrem Team einen selbstständig stehenden, mindestens 60 Zentimeter hohen Turm zu bauen. Sie dürfen hierbei nur die gegebenen Materialien nutzen."* Die Materialien werden anhand des Flipcharts vorgestellt. *„Es ist nicht erlaubt, den Turm am Boden festzukleben. Haben Sie Fragen? Dann starten nun Ihre 22 Minuten."*

Hintergründe

„Hoch hinaus" ist eine Methode, die sehr viel Dynamik mit sich bringt und die Führungskräfte herausfordert, gemeinsam mit ihrem Team eine gute Planung sowie den passenden Bau hinzubekommen. Viele Gruppen starten einfach mit dem Bauen, ohne sich vorher ein Konzept zu überlegen. Da die zur Verfügung stehenden Baumaterialen begrenzt sind, ist Kreativität und Flexibilität gefragt. Zudem muss die Führungskraft Frust und Konfliktpotenzial innerhalb des Teams managen.

Tipps

- Wer den Einsatz von Lebensmitteln nicht stimmig findet, kann z.B. auf dünne Holzstäbe und Steckschaum zurückgreifen.
- Machen Sie ein Gruppenbild mit dem jeweiligen Turm für das Protokoll.
- Zur Reflexion bietet sich die „Führungs-Retrospektive" (siehe S. 145) an.

Material

Lose, Spaghetti (ungekocht), Marshmallows, Scheren, Klebeband (jeweils 1 Meter) und Schnüre (jeweils 1 Meter) nach Anzahl der Kleingruppen, ein Zollstock zum Ermitteln der Turmhöhen.

Rettet die Erde
Beachten Sie folgende Punkte:
der Seilkreis darf nicht betreten werden.
als Hilfsmittel stehen Ihnen Seile zur Verfügung.
Sie haben 15 Minuten Zeit, bis die Bombe explodiert.

Rettet die Erde

Kurzbeschreibung

Die Führungskraft erhält die Aufgabe, mit ihrem Team eine Bombe aus einem Seilkreis zu bergen. Die Übung findet outdoor statt.

Aufbau

Zur Vorbereitung legt die Trainerin bzw. der Trainer einen Seilkreis von sechs Metern Durchmesser auf den Boden. In der Mitte des Kreises liegt eine kleine „Insel" (z.B. ein Brett o.Ä.), auf der eine Eieruhr platziert wird. Die Führungskraft steht nun vor der herausfordernden Aufgabe, mit ihrem Team innerhalb von 15 Minuten eine Bombe zu entschärfen. Konkret bedeutet das, dass die tickende Eieruhr aus dem Seilkreis befördert und in einen bereitgestellten Kasten gelegt werden muss. Als Hilfsmittel stehen Seile zur Verfügung. Es ist jedoch zu beachten, dass der Boden des Seilkreises nicht betreten werden darf. Nachdem alle Rahmenbedingungen mit der Führungskraft besprochen wurden, platziert die Trainerin bzw. der Trainer die „scharf" gestellte Eieruhr in die Mitte und die Übung beginnt.

Intro

„Bei Ihrer nun anstehenden Aufgabe geht es um nicht weniger, als die Welt zu retten. Sie sehen den Seilkreis und die Insel mit dem Gegenstand. ... Dieser Gegenstand ist eine Bombe, die nach unserem Gespräch in exakt 15 Minuten explodiert. Ihre Aufgabe ist es, dies zu verhindern und die Bombe vorher in diesen bombensicheren Kasten zu legen. Hierbei ist zu beachten, dass weder Sie noch Ihre Teammitglieder den Boden des Seilkreises betreten dürfen. Als Ressource stehen Ihnen zwei Seile zur Verfügung. Haben Sie Fragen? Dann starten wir nun!"

Hintergründe

Die Lösung der Aufgabe besteht darin, dass die Gruppe eine Person auswählt, die, von den Seilen getragen, in die Mitte des Kreises gebracht wird. Die Person kann dann die „Bombe" aus der Luft aufnehmen und aus dem Seilkreis in die Kiste bringen. Achten Sie als Trainerin bzw. Trainer darauf, dass die Teilnehmenden achtsam bei der Sache sind. Wenn die Aufmerksamkeit schwächelt oder Einzelne anfangen zu lachen, müssen Sie eingreifen. Wenn Menschen lachen, lässt ihre Kraft nach und das Risiko, dass die Person auf dem Seil nicht mehr gehalten werden kann, wird zu groß.

Tipp

Achten Sie auf einen weichen Untergrund.

Material

Ein Brett (Insel), eine Eieruhr, 20 Meter Seil (Seilkreis) und zwei statische 20 Meter lange Seile für das Team, eine Kiste für die Bombe.

Strategiepfad
Es darf sich immer nur eine Person auf dem Feld befinden. Fehler = neue Person!
Die Durchführungsphase erfolgt schweigend.
Sie dürfen nur von Feld zu Feld gehen. Diagonal ist erlaubt.
Wenn es einen Fehltritt gibt, müssen alle zurück.
Es gibt 3 Joker für Fehltritte.
Es sind keine Hilfsmittel erlaubt.

Strategiepfad

Kurzbeschreibung

Die Führungskraft entwickelt gemeinsam mit dem Team eine Strategie, um durch ein Feld aus Quadraten den richtigen Weg zum Ziel zu finden.

Aufbau

Vorbereitend fertigt die Trainerin bzw. der Trainer z.B. mit Malerkrepp (indoor) oder Kreide (outdoor) ein Rechteck mit den Maßen 5 Meter x 3 Meter auf dem Boden an. Das Rechteck wird in 60 gleich große Quadrate aufgeteilt, sodass zehn Quadrate in der Breite und sechs in der Länge entstehen (siehe Zeichnung nächste Seite).

Die Aufgabe für das Team ist folgende: Jedes Teammitglied muss einen Weg durch dieses Rechteck finden. Die Schwierigkeit: Es gibt Quadrate, die nicht betreten werden dürfen und die für das Team erst erkennbar werden, wenn bei einem Schritt ein akustisches Signal ertönt. (Auf der folgenden Seite ist das Rechteck mit dazugehörigem Plan abgebildet. Die Kreuze zeigen den richtigen Weg durch das Feld. Alle anderen Quadrate dürfen nicht genutzt werden.)

Grundsätzlich darf sich während der Übung immer nur eine Person auf dem Feld aufhalten. Bei einem Fehltritt muss die Person das Rechteck verlassen und eine neue Person macht sich auf den Weg. Zudem müssen alle, die den Weg bereits absolviert haben, ebenfalls wieder zum Ausgangspunkt zurückkehren und die Strecke erneut bewältigen. Die Umsetzung erfolgt schweigend. Es dürfen keine Quadrate übersprungen werden, der nächste Schritt führt immer auf ein benachbartes Quadrat (auch diagonal). Der Gruppe stehen insgesamt drei Joker zur Verfügung, die bewirken, dass ein Fehltritt keine Konsequenzen hat. Diese werden in der Regel benutzt, wenn viele Teammitglieder bereits den Weg durch das Labyrinth absolviert haben. Hilfsmittel, z.B. um sich Notizen machen zu können, sind nicht erlaubt.

Insgesamt stehen für die Strategieplanung und -umsetzung 30 Minuten zur Verfügung.

Intro

„Ihre Aufgabe besteht darin, mit Ihrem Team den richtigen Pfad durch dieses Labyrinth zu finden, indem Sie die aufgezeichneten Quadrate für Ihren Weg nutzen. Aber: Einige Felder dürfen nicht genutzt werden! Welche Felder das sind, merken Sie, sobald Sie diese betreten. Dann gebe ich ein Zeichen. Für den jeweils nächsten Schritt darf nur ein angrenzendes Quadrat genutzt werden. Das schließt diagonale Wege mit ein. Auf dem Feld darf sich grundsätzlich immer nur eine Person aufhalten. Passiert ein Fehler, startet eine neue Person und alle, die

das Ziel schon erreicht haben, fangen ebenfalls noch einmal von vorne an. Außer, Sie nutzen einen der drei Joker, die Ihnen für Fehltritte zur Verfügung stehen. Die Durchführungsphase erfolgt schweigend. Sie können mit Ihrem Team sprechend planen, haben aber insgesamt nur 30 Minuten Zeit. Hilfsmittel, z.B. für Notizen jeglicher Art, sind nicht erlaubt. Haben Sie Fragen? ... Dann los."

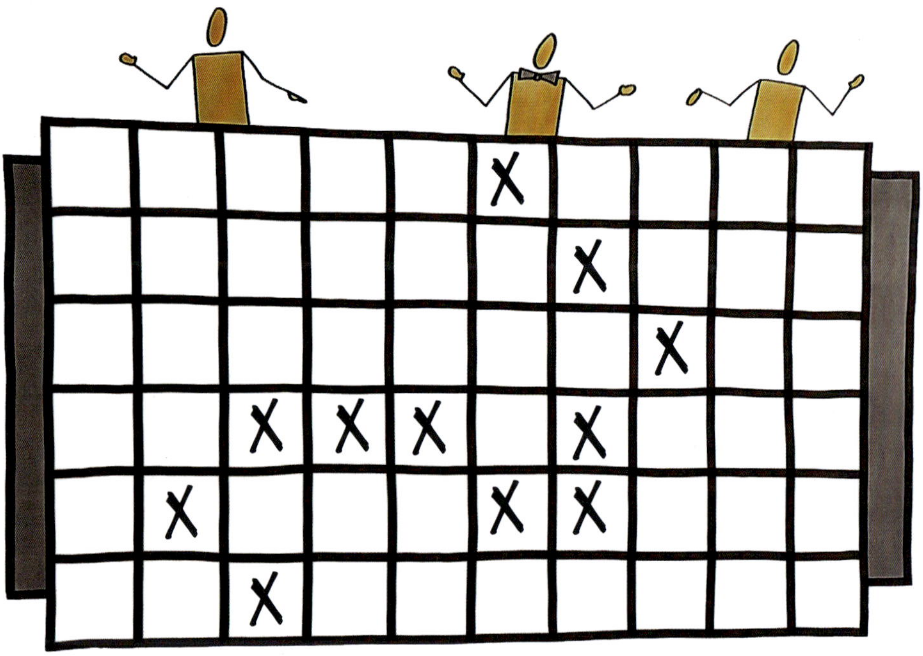

Hintergründe

Diese Methode bietet eine großartige Metapher für ein gemeinsames Projekt. Es gibt einen Startpunkt, einen Pfad, den es gemeinsam zu finden und zu bestreiten gilt, sowie ein Ziel. Um die Herausforderung zu meistern, braucht es neben einer guten Strategie und gegenseitiger Unterstützung auch das gemeinsame Lernen im Prozessverlauf. Die Personen auf dem Feld brauchen mal mehr, mal weniger Unterstützung von den anderen Teilnehmenden und/oder der Führungskraft. Es kommt immer wieder zu Fehltritten und spannend ist, wie das Team und die Führungskraft damit umgehen.

Tipps

- Die zur Verfügung stehende Zeit ist stark von der Gruppengröße abhängig. Rechnen Sie bei 6 Teilnehmenden mit insgesamt 20 Minuten und pro weiteren Teilnehmenden ca. 1 Minute mehr.

- Nutzen Sie für Fehltritte ein angenehmes akustisches Signal, wie zum Beispiel eine Pfeife oder das Klopfen auf einen Tisch.

Material

Malerkrepp oder Kreide, Zollstock zur Abmessung der richtigen Längen, Pfadvorlage für die Trainerin bzw. den Trainer, evtl. Trillerpfeife. Eine Blanko-Vorlage und eine Strategiepfad-Vorlage mit einem Pfadvorschlag finden Sie in den Online-Ressourcen.

II. Reflexionen

Bei den Reflexionen der Teamaktionen steht natürlich das Verhalten der jeweiligen Führungskraft im Mittelpunkt. Die Person, die diese Rolle übernommen hat, erhält von den Teilnehmenden viele Rückmeldungen und Impulse. Das heißt aber nicht, dass nur diese eine Person von der Übung profitiert. Beim Reflektieren und Transferieren auf den realen Führungsalltag stellen sich auch die anderen Teilnehmenden ganz automatisch die Frage, wie sie sich selbst in den aufkommenden Situationen verhalten hätten, und nehmen entsprechende Erkenntnisse aus der Führungsaktion für sich mit.

Da bei den Reflexionen, wie soeben erwähnt, die Person mit der Rolle der Führungskraft stark im Fokus steht, ist es wichtig, dass das Feedback in einer vertrauensvollen Atmosphäre, wertschätzend und konstruktiv geschieht (diese Workshop-Haltung sollte sich natürlich durch den gesamten Workshop ziehen, siehe Flipchart „Workshop-Kultur" zum Start). Zusätzlich kann dem Feedback etwas von seiner Fixierung auf die Führungskraft genommen werden, indem sich die Trainerin bzw. der Trainer und auch die Gruppe zum Start der Reflexion bei der jeweiligen Person bedankt, dass sie sich als Führungskraft zur Verfügung gestellt hat und es allen ermöglicht, miteinander und voneinander zu lernen.

Das Feedback der Trainerin oder des Trainers vor der Gruppe kann besonders gewichtig sein und sollte immer mit einer situativen Abschätzung erfolgen: Wie viel und welche Art (lobend, kritisch-konstruktiv etc.) von Rückmeldung ist sinnvoll bzw. gewinnbringend? Für ein intensiveres personenbezogenes Feedback kann z.B. ein workshop-begleitendes Coaching angeboten werden, das nach meiner Erfahrung sehr hilfreich ist.

Die konkrete Reflexionsmethode sollte nicht bereits im Vorfeld geplant, sondern lieber im Laufe des Workshops spontan ausgesucht werden. Sinnvoll ist es für Sie als Trainerin bzw. Trainer, die unterschiedlichen Methoden visualisiert und/oder als Handout dabei zu haben und am Ende der jeweiligen Führungsaktion zu entscheiden, welche gerade am dienlichsten ist.

Zum Abschluss der allgemeinen Reflexion sollte den Teilnehmenden Zeit für einen persönlichen Nachklang gegeben werden. Zudem ist es empfehlenswert, dass sich jede bzw. jeder noch ein paar Notizen anfertigt. Die individuellen Aufzeichnungen nutzen dem persönlichen Transfer und somit der Nachhaltigkeit im Lernen enorm.

Und noch ein abschließender Hinweis: Um wichtige Gedanken, Ideen, Impulse und Erkenntnisse simultan visualisieren zu können, sollte zur Reflexion ein Flipchart bereitstehen.

Index – Reflexionen

Empathy Map
Was habe ich selbst getan und gesagt?
Was habe ich gesehen und gehört?
Was habe ich gedacht und gefühlt?
Was ist mir wichtig?
Was würde ich mir wünschen?

Empathy Map

Kurzbeschreibung

Die Teilnehmenden reflektieren eine Führungsaktion anhand von vier Fragestellungen.

Aufbau

Die Teilnehmenden reflektieren in einer Einzelarbeit anhand von vier Fragen (siehe Flipchart) über 10 Minuten ihr Führungserlebnis und notieren sich ihre Antworten. Danach äußern sie sich nacheinander in der Gesamtrunde.

Intro

„Nach unserer Führungsaktion mit Frau Schuster ist es nun an der Zeit, gemeinsam auf unser Erlebnis zu schauen und möglichst viele Impulse für Frau Schuster und uns alle herauszuarbeiten. Sie sehen hier auf dem Flipchart die Empathy Map mit vier Fragen. Ich würde Sie nun gerne einladen, für sich alleine über 10 Minuten ihre Erfahrungen und Erkenntnisse zu reflektieren und auf einem Klemmbrett stichpunktartig Ihre Gedanken zu notieren. Ihre Notizen bleiben bei Ihnen.

Starten Sie gerne mit der Frage: Was habe ich bezüglich Führung gesehen und gehört? Dann geht es weiter mit: Was habe ich selbst getan und gesagt? Gemeint ist, was Sie selbst eingebracht haben. Als Nächstes steht die Frage im Fokus: Was haben Sie gedacht und gefühlt? Zuletzt überlegen Sie noch, was Ihnen in Bezug auf die Übung wichtig ist. Zum Beispiel: Was möchten Sie Frau Schuster noch sagen? Oder vielleicht gibt es etwas, was Sie sich von Frau Schuster wünschen würden.

Wenn Sie fertig sind, führen wir hier im Kreis eine Runde durch, in der Sie Ihre Ergebnisse vorstellen. Hierbei muss nicht jeder zu jeder Frage etwas sagen, sondern gerne das Wichtigste zusammenfassen. Alles klar? Dann starten wir …"

Hintergründe

Eine Empathy Map wird in der Regel genutzt, um unternehmerische Angebote noch effizienter auf die Bedürfnisse, Gefühle, Gedanken und Handlungen von Kundinnen und Kunden auszurichten. Hier wird diese Methode genutzt, um die verschiedenen Ebenen einer Führungsaktion zu reflektieren. Da der Austausch durch den gesteckten Rahmen recht intensiv sein kann, eignet sich die Übung besonders gut für eine kleine Gruppe.

Tipp

Wenn es in der Führungsaktion eine besondere Situation gab, die Sie als Trainerin oder Trainer konkret in den Fokus nehmen möchten, können Sie diese Methode ebenfalls sehr gut nutzen.

Material

Klemmbretter, Stifte

Quelle: https://www.andreasaltmannsberger.de

Erfolgsfaktoren

Erfolgsfaktoren

Kurzbeschreibung

Eine Reflexionsmethode, die die erlebten Führungsstärken über ein Brainstorming in den Fokus nimmt.

Aufbau

Die Teilnehmenden unterhalten sich zu zweit über die erlebte Führungssituation. Im Anschluss wird im Plenum gesammelt, welche Erfolgsfaktoren dazu beigetragen haben, dass die Führung im Rahmen der Übung so positiv verlaufen ist. Die Trainerin bzw. der Trainer schreibt die Wortbeiträge in Stichpunkten mit.

Intro

„Nun möchte ich gerne mit Ihnen über die Erfolgsfaktoren des gerade erlebten Führungsverhaltens sprechen. Bitte tauschen Sie sich zunächst 5 Minuten zu zweit darüber aus. Sie müssen nichts notieren, wir sammeln im Anschluss gemeinsam am Flipchart Ihre Ergebnisse. Ich teile Sie nun in Zweiergruppen ein.
Die Trainerin bzw. der Trainer teilt die Teilnehmenden ein.

Im Anschluss an die Gespräche: *„Wenn Sie an die Planungsphase bei der Übung zurückdenken: Welches Verhalten, welche Strategien, welche Aspekte haben zum Erfolg dieser Phase beigetragen?"* Die Trainerin bzw. der Trainer sammelt mit den Teilnehmenden die Erkenntnisse via Simultanvisualisierung am Flipchart. *„Nun möchte ich mit Ihnen auf die Durchführung schauen: Was ist Ihnen hier an Erfolgsfaktoren aufgefallen?"* Erneut werden die Wortbeiträge simultan visualisiert. Am Ende fasst die Trainerin bzw. der Trainer noch einmal alle Aspekte zusammen und gibt je nach Inhalt weitere Impulse.

Hintergründe

Diese Reflexionsmethode eignet sich für den Fall, dass eine Führungskraft ihre Aufgabe besonders gut gelöst hat. Hier werden allein die positiven Aspekte in den Fokus gestellt.

Tipps

- Differenzieren Sie bei der Reflexion zwischen Planungs- und Durchführungsphase. Durch diese Unterteilung erarbeiten Sie mehr Erfolgsfaktoren.
- Jede bzw. jeder Teilnehmende kann im Anschluss mit einem roten und einem grünen Punkt ein individuelles Statement abgeben, welchen Aspekt sie bzw. er selbst schon sehr gut umsetzt (grüner Punkt) und in welchem Bereich sie bzw. er noch an sich arbeiten möchte. Je nach Ergebnis können die Themen in den weiteren Workshop-Verlauf einfließen.

Material

Eventuell grüne und rote Klebepunkte (siehe Tipps)

Führungs-Retrospektive
1. Wer achtet auf die Zeit?
2. Wie erging es der Führungskraft?
3. Feedback in einer Runde
• Wie habe ich Sie erlebt?
• Welche Führungsqualitäten sehe ich in Ihnen?
• Welche können Sie noch weiterentwickeln?
4. Dialog in der Kleingruppe
keine Notizen
alles bleibt in der Kleingruppe

Führungs-Retrospektive

Kurzbeschreibung

Der Austausch findet in Kleingruppen statt und ist für Reflexionen nach Führungsaktionen mit mehreren Teams mit jeweils eigener Führungskraft geeignet.

Aufbau

Voraussetzung für diese Reflexion ist, dass es in der vorhergehenden Führungsaktion mehrere Teams mit einer jeweiligen Führungskraft gegeben hat, wie z.B. bei der Übung „Hoch hinaus“ (siehe S. 131).

Die Kleingruppen aus der Übung finden sich für die Reflexion über 20 Minuten zusammen. Zu Beginn bestimmt jedes Team seine Zeitwächterin bzw. seinen Zeitwächter. Dann berichtet zuerst die Führungskraft, wie es ihr bei der Aktion erging. Im Anschluss erläutert jedes Teammitglied der Führungskraft, wie ihr Verhalten erlebt wurde, welche Qualitäten erfahren wurden und an welchen Stellen noch Entwicklungsmöglichkeiten gesehen werden. Danach folgt ein Dialog in der Kleingruppe. Es braucht keine Notizen, alles Gesagte bleibt in der Kleingruppe.

Intro

„Da Sie nun sehr intensiv in kleinen Teams zusammengearbeitet haben, würde ich diesen Rahmen gerne auch für die Reflexion nutzen. Bitte verteilen Sie sich gleich auf die Arbeitsräume und geben Sie Ihrer Führungskraft Feedback. Regeln Sie bitte zuerst, wer auf die Zeit achtet. Sie haben insgesamt 20 Minuten. Dann erzählt die Führungskraft zuerst, wie es ihr ergangen ist. Danach berichtet jeder Mitarbeitende. Gehen Sie bitte nach diesen drei Fragen vor: ‚Wie habe ich Sie erlebt?‘, ‚Welche Führungsqualitäten sehe ich in Ihnen?‘ und ‚Welche können Sie noch weiterentwickeln?‘. Wenn anschließend noch Zeit ist, können Sie die aufgekommenen Themen noch vertiefen. Bitte machen Sie sich keine Notizen, alles Gesagte bleibt in der Kleingruppe. Haben Sie Fragen? Dann los!“

Hintergründe

Das Feedback in einer kleinen Runde hat den Vorteil, dass es den Teilnehmenden leichter fällt, individualisiertes Feedback zu geben und zu nehmen. In größeren Gruppen braucht es ein gutes Maß an Vertrautheit, um eine solche Methode anwenden zu können.

Tipp

Wenn Sie eine erprobte Gruppe haben, lassen Sie die Kleingruppen alleine reflektieren und kommen Sie nicht dazu.

Material

Kopien des Flipcharts für jede Kleingruppe

Skalierungsreflexion
Positionieren Sie sich auf der Skala nach Ihrer Einschätzung.

Skalierungsreflexion

Kurzbeschreibung

Die Teilnehmenden positionieren sich in Bezug auf verschiedene Führungsqualitäten, die sie in der vorangegangenen Aktion bei der Führungskraft erlebt haben, auf einer Skala.

Aufbau

Vorbereitend legt die Trainerin bzw. der Trainer ein Seil als Skala auf den Boden. Zur Verdeutlichung des Skalenverlaufs können an den Enden Moderationskarten mit 0 Prozent bzw. 100 Prozent platziert werden. Dann stellt die Trainerin bzw. der Trainer verschiedene Eigenschaften vor (siehe Hintergründe) und bittet die Teilnehmenden inklusive der Person, die die Führungsrolle übernommen hat, sich gemäß ihres Eindrucks in der letzten Führungsaktion auf der Skala zu positionieren. Wichtig ist, dass die Führungskraft sich in jeder Runde zuerst platziert. Nach jeder Aufstellung gibt es einen Dialog über die jeweiligen Entscheidungen und die damit verbundenen Eindrücke.

Intro

„Nach der Führungsaktion geht es nun darum, gemeinsam möglichst viele Erkenntnisse mitzunehmen. Hierbei steht das Feedback an Frau Hansen zu ihrer Führungsarbeit natürlich im Mittelpunkt. Sie sehen hier eine Skala in Form eines Seils auf dem Boden. Ihre Aufgabe ist es nun, sich zu bestimmten Qualitäten, die Sie in dieser Aktion im Führungsverhalten von Frau Hansen erlebt haben, zu positionieren. Sie, Frau Hansen, machen bitte mit einer Selbsteinschätzung jeweils den Anfang. Noch Fragen? Dann geht es los. Das erste Stichwort, zu dem Sie sich aufstellen, lautet: ‚strukturgebend‘." Die Teilnehmenden positionieren sich. Anschließend folgt ein Gruppendialog.

Hintergründe

Die Arbeit mit Führungseigenschaften ermöglicht ein intensives und gewinnbringendes Feedback für die Führungskraft. Gleichzeitig setzen sich alle Teilnehmenden mit wichtigen Führungsqualitäten auseinander. Die Übung bietet sich aufgrund ihrer Intensität eher in kleinen Gruppen an. Hier einige weitere Stichworte zu Führungsqualitäten, zu denen sich die Gruppe positionieren kann: gelassen, spontan, strategisch, motivierend, leidenschaftlich, entscheidungsfreudig, flexibel.

Tipp

Legen Sie die Skala nicht in einer geraden Linie auf den Boden, sondern formen Sie einen leichten Bogen. Das erleichtert während der Reflexion die Kommunikation in der Gruppe.

Material

Vorbereitete Moderationskarten, Seil (alternativ: Malerkrepp oder Kreide)

Erkenntnisse
und Ideen

Erkenntnisse und Ideen

Kurzbeschreibung

Eine kurze Reflexionsmethode in Form eines Brainstormings, das in Zweiergruppen durchgeführt wird.

Aufbau

Die Teilnehmenden unterhalten sich in Zweiergruppen über sieben Minuten, wie sie die Übung erlebt haben und welche Erkenntnisse und Ideen sie daraus ziehen. Danach kommt die gesamte Gruppe wieder zusammen und jeder schildert seine Eindrücke, Erkenntnisse und Ideen. Die Führungskraft der vorangegangenen Führungsaktion beginnt, dann folgen der Reihe nach die anderen Teilnehmenden und zuletzt die Trainerin bzw. der Trainer. Die Aussagen werden von der Trainerin bzw. dem Trainer auf dem Flipchart festgehalten.

Intro

„Nach unserer Führungsaktion soll es nun darum gehen, für unsere Führungskraft Frau Müller und für Sie alle möglichst viele Erkenntnisse und Ideen aus der Übung zu ziehen.

Ich teile Sie nun in Zweiergruppen ein. Bitte rücken Sie dann gleich ein wenig nach hinten, sodass Sie mehr Raum für sich haben. Unterhalten Sie sich nun bitte sieben Minuten lang darüber, wie Sie die Führungsaktion erlebt haben und sammeln Sie Ihre Erkenntnisse und Ideen zum Thema Führung. Sie können sich gerne Notizen machen. Nach Ihrem Gespräch kommen wir wieder alle zusammen, um die Ergebnisse zusammenzutragen. Dabei wird Frau Müller den Anfang machen. Ich notiere das Gesagte simultan mit. Haben Sie Fragen? Dann starte ich nun mit der Einteilung …"

Hintergründe

Diese Reflexionsmethode lässt den Teilnehmenden viel Spielraum für einen persönlichen Dialog und den Austausch von Sichtweisen. Die Teilnehmenden sollten bereits Reflexionserfahrung mitbringen, um auf dieser Basis aufbauen zu können.

Tipp

Dieses Vorgehen eignet sich besonders gut, wenn der persönliche Transfer methodisch noch stärker in den Mittelpunkt der Reflexion rücken soll. Mit dieser Übung werden noch weitere, bisher nicht genannte Aspekte und persönliche Erfahrungen thematisiert.

Material

Klemmbretter, Stifte (für Notizen)

Timeline
Skizzieren Sie auf der Skala Ihre Stimmungskurve:
13:00
13:30
14:00

Timeline

Kurzbeschreibung

Eine Reflexionsmethode, die sich auf die Entwicklung der Stimmung im Verlauf der Übung konzentriert.

Aufbau

Jeder Teilnehmende bekommt die Aufgabe, seine persönliche Stimmungskurve in Bezug auf die letzte Führungsaktion auf ein Blatt Papier zu zeichnen. Zur besseren Orientierung markiert die Trainerin bzw. der Trainer auf der horizontalen Achse (siehe Flipchart links) besondere Zeitpunkte oder Ereignisse, die in der Übung vorkamen. Nachdem alle Teilnehmenden ihre persönliche Zeichnung angefertigt haben, übertragen sie nacheinander ihre Kurven in das Flipchart und berichten über ihr Erleben. Im Anschluss wird gemeinsam reflektiert, wie die Führungskraft in bestimmten Situationen agiert und wie sich das auf die Stimmung im Team ausgewirkt hat.

Intro

„Lassen Sie uns für unsere Reflexion zunächst gemeinsam ein paar Orientierungspunkte auf dem Flipchart notieren. Um welche Uhrzeit waren Sie mit der Strategieentwicklung fertig und haben mit der Übung gestartet? ...“ Die Trainerin bzw. der Trainer notiert im Dialog die wichtigsten Zeitpunkte auf dem Flipchart. *„Ich teile Ihnen nun ein Klemmbrett mit Papier und Stift aus. Unsere Reflexion bezieht sich zunächst einmal auf die Stimmung, in der Sie sich persönlich während der Übung befunden haben. Bitte notieren Sie diese auf dem Papier. Danach geht jede bzw. jeder reihum nach vorne, malt seine Kurve auf das Flipchart und berichtet ein wenig von seinem Erleben. Passt alles? ...“*

Hintergründe

Die Teilnehmenden skizzieren ihre eigene Stimmung während der unterschiedlichen Prozessabschnitte, um von diesem Blickwinkel aus das Führungsverhalten zu fokussieren. Das Resultat: eine Mischung aus Feedback eines jeden Einzelnen zur Führungskraft und aus Feedback zum Teamerleben. Es ist oft recht aufschlussreich, herauszuarbeiten, an welcher Stelle die Führungskraft zur entstandenen Situation beigetragen hat, wie sie hätte intervenieren können, um die jeweilige Lage zu verbessern, und an welcher Stelle der Einzelne oder das Team für sich mehr Verantwortung hätte übernehmen müssen.

Tipp

Die Kurven sollten mit unterschiedlichen Farben auf das Flipchart gezeichnet werden. Die einzelnen Verläufe sind dann später besser nachzuvollziehen.

Material

Klemmbrett, Papier und Stift für jede Person

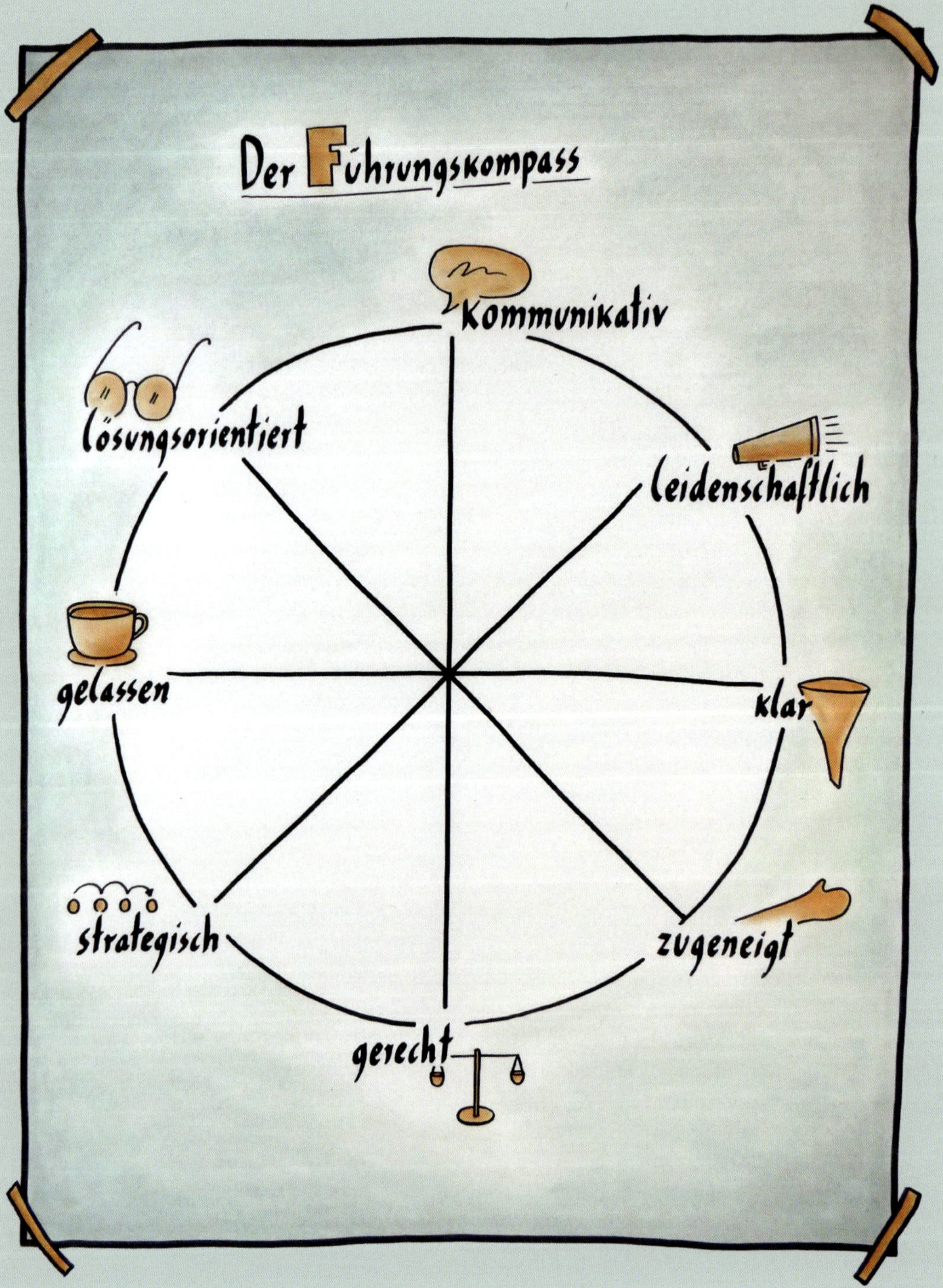
Der Führungskompass
kommunikativ
leidenschaftlich
klar
zugeneigt
gerecht
strategisch
gelassen
lösungsorientiert

Der Führungskompass

Eine Reflexionsmethode, die auf der Basis verschiedener Kriterien im Dialog eine Führungsaktion beleuchtet.

Kurzbeschreibung

Zu Beginn stellt die Trainerin bzw. der Trainer den Führungskompass vor (siehe Intro). Daraufhin folgen Seitengespräche, in denen sich die Teilnehmenden zehn Minuten lang zu zweit mit ihrer Nachbarin bzw. ihrem Nachbarn über ihre Eindrücke bezüglich des erlebten Führungsverhaltens austauschen. Folgende Fragen dienen hier als Rahmen:

Aufbau

- Wie erging es mir in der Führungs- bzw. Mitarbeitendenrolle?
- Welche Qualitäten habe ich in der Führungsarbeit wahrgenommen?
- Was ist noch ausbaufähig?

Danach folgt ein moderierter Dialog in der Gesamtgruppe, in dem zunächst die Führungskraft die Gelegenheit bekommt, ihre Selbstwahrnehmung bzgl. ihrer Führungsarbeit zu schildern. Danach folgt ein Feedback aus der Runde.

„Nach unserer Führungsaktion wollen wir diese nun gemeinsam Revue passieren lassen. Hierfür habe ich den Führungskompass herausgesucht. Dieser zeigt Eigenschaften, die die ‚perfekte' Führungskraft mitbringen sollte.

Intro

1. ***Kommunikativ:*** *Ein großer Teil der Arbeit einer Führungskraft besteht darin, zu kommunizieren. Ob es nun darum geht, den Informationsfluss zu gewährleisten, Meinungen zusammenzubringen oder auf einzelne Mitarbeiterinnen und Mitarbeiter einzugehen: Diese Kompetenz ist zentral.*
2. ***Klar:*** *Für die Mitarbeitenden ist die Klarheit einer Führungskraft maßgeblich für die Effektivität ihrer Arbeit. Eine Führungskraft besitzt Klarheit, wenn sie weiß, was sie will, Mitarbeitende einbezieht, aber auch für sich Entscheidendes durchsetzen kann.*
3. ***Leidenschaftlich:*** *Als Führungskraft braucht es Leidenschaft für das eigene Unternehmen, das Team, das Produkt oder die Dienstleistung. Leidenschaft überträgt sich und inspiriert.*
4. ***Zugeneigt:*** *Nur wer jede Einzelne bzw. jeden Einzelnen individuell wahrnimmt, regelmäßig in Kontakt geht, konstruktives Feedback gibt, Leistung anerkennt, Mitarbeitende fördert und Informationen teilt, kann sein Team mitnehmen und dessen volles Potenzial entfalten. So schaffen Sie ein sicheres und vertrauensvolles Umfeld, das Erfolg und Wohlbefinden ermöglicht.*

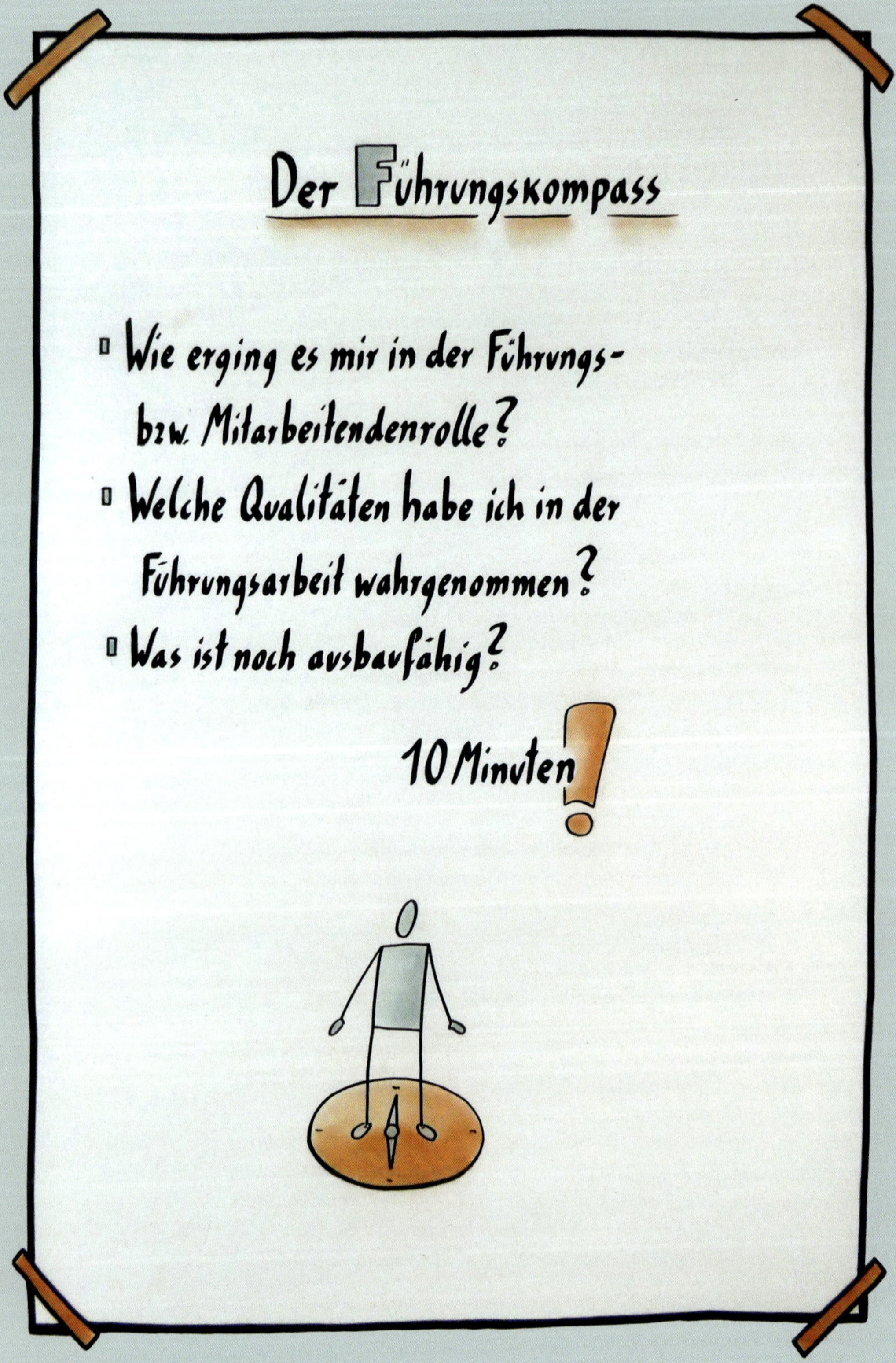
Der Führungskompass
Wie erging es mir in der Führungs- bzw. Mitarbeitendenrolle?
Welche Qualitäten habe ich in der Führungsarbeit wahrgenommen?
Was ist noch ausbaufähig?
10 Minuten!

5. ***Gerecht:*** *Für Mitarbeitende ist es extrem wichtig, dass die Führungskraft gerecht ist. Sie bezieht alle mit ein, behandelt alle gleich und jeder hat seinen Platz und wird geschätzt.*
6. ***Strategisch:*** *Strategische Führungskräfte haben eine klare Ergebnisorientierung. Sie wissen, wo ihr Team steht, wohin sie wollen und arbeiten kontinuierlich an dem Weg dorthin.*
7. ***Lösungsorientiert:*** *Zu lange bei den Problemen zu verharren, bringt nichts voran. Es muss darum gehen, Lösungen in den Fokus zu nehmen. Eine gute Führungskraft sieht Probleme als Chance für Weiterentwicklung.*
8. ***Gelassen:*** *Es ist wichtig, die notwendige Gelassenheit einzubringen. So schaffen Sie eine sichere und gute Arbeitsatmosphäre.*

Mit Blick auf diese Eigenschaften und vielleicht noch weitere, die Ihnen einfallen, schauen wir nun auf die Führung von Herrn Appel. Bitte unterhalten Sie sich zehn Minuten lang zu zweit darüber, wie es Ihnen in der Führungs- bzw. Mitarbeitendenrolle erging. Welche Qualitäten haben Sie in der Führungsarbeit wahrgenommen? Was ist aus Ihrer Sicht noch ausbaufähig? Wenn Sie mögen, können Sie für sich Notizen machen. Nach den Gesprächen startet Herr Appel mit seiner Selbsteinschätzung. Haben Sie Fragen? … Dann zur Einteilung …"

Hintergründe

Der Führungskompass umfasst die wichtigsten Themenfelder für die Reflexion einer Führungsaktion. Insbesondere wenn eine Gruppe zum ersten Mal eine Führungsaktion durchgespielt hat, bietet der Führungskompass eine gute Ideengrundlage. Er stellt sicher, dass die Teilnehmenden viele Führungsbereiche beleuchten und ein umfassendes Feedback abgeben.

Tipp

Alternativ können Sie im Vorfeld der Führungsaktion in einem Brainstorming die Eigenschaften einer guten Führungskraft sammeln und diese als Reflexionsgrundlage nutzen.

FührungsFokus
1. Was ist gut und sollte erhalten bleiben?
2. Was sollte vermieden werden?
3. Was fehlt und sollte entwickelt werden?
4. Was sollte ausgebaut werden?
Die Führungskraft startet
Alles bleibt in der Kleingruppe
Bitte Zeit beachten

Führungsfokus

Kurzbeschreibung

Eine Führungsaktion wird auf der Basis von vier Fragestellungen reflektiert. Der Austausch findet in Kleingruppen statt und ist für Reflexionen nach Führungsaktionen mit mehreren Teams mit jeweils eigener Führungskraft (z.B. „Domino-Event", siehe S. 129) geeignet.

Aufbau

Im Anschluss an eine Führungsaktion mit mehreren Teams und jeweils eigener Führungskraft erhalten die Teilnehmenden die Aufgabe, den Führungskräften in Kleingruppen Feedback zu geben. Die Reflexion beginnt, indem die jeweilige Führungskraft berichtet, wie es ihr ergangen ist. Danach geben, mit Blick auf die Fragestellungen (siehe Flipchart links), die Gruppenmitglieder nacheinander der Führungskraft Feedback. Zu beachten ist, dass alles Gesagte in der Kleingruppe bleibt. Die Teilnehmenden erhalten je nach Gruppengröße 15 bis 30 Minuten Zeit.

Intro

„Nun möchte ich Sie gerne einladen, Ihrer jeweiligen Führungskraft ein Feedback zu geben. Starten Sie bitte, indem ihre Führungskraft erzählt, wie es ihr bei der Übung ergangen ist. Dann folgen die Rückmeldungen aus der Gruppe, indem nacheinander jede bzw. jeder von Ihnen Feedback gibt. Die Fragestellungen dienen hierbei als Hilfestellung. Nutzen Sie nur die Fragestellungen, die für Sie stimmig sind. Zentral für mich ist, dass Sie bei allem, was Sie an Feedback geben, eine fördernde Haltung einnehmen, die die jeweilige Führungskraft bei ihrer Weiterentwicklung unterstützt. Alles, was Sie in der Kleingruppe besprechen, bleibt bitte auch in der Kleingruppe. Achten Sie bitte auf die Zeit von 15 Minuten. Passt alles? Dann starten wir nun."

Hintergründe

Diese Reflexionsmethode ist für Workshop-Situationen gedacht, bei denen die Teamaktion mit jeweils einer Führungskraft in Kleingruppen stattgefunden hat. Sie eignet sich besonders für Teilnehmende, die schon Erfahrung im Feedback mitbringen. Es sollte im Vorfeld bereits mindestens eine Führungsreflexion stattgefunden haben, die mehr inhaltliche Schwerpunkte vorgibt. Hier bietet sich z.B. der facettenreiche Führungskompass (siehe S. 153) an.

Tipp

Geben Sie den Gruppen kurz vor dem Ende des zeitlichen Rahmens ein Signal, sodass diese ihre Kleingruppenarbeit gut abschließen können.

Material

Flipchart-Kopien (DIN A4)

Quelle: Angelehnt an die Methode Gestaltwerkstatt von Seibel, Rickert (2019): Teamdynamik entwickeln, begleiten, gestalten. managerSeminare, Bonn.

Performance weiterentwickeln

Eine Führungskraft befindet sich gegenüber ihren Mitarbeitenden zu jeder Zeit in dieser Rolle und muss daher aus dieser heraus in unterschiedlichsten Situationen flexibel und frei agieren können. Das bekommen die wenigsten in die Wiege gelegt, es braucht regelmäßige Übung. In diesem Kapitel sind Methoden zusammengefasst, mit denen Sie kompetentes, sicheres und glaubwürdiges Auftreten mit ihren Teilnehmenden trainieren können. Sie als Trainerin bzw. Trainer sollten hierbei darauf achten, dass jeder Mensch seinen eigenen Entwicklungsweg hat und dementsprechend jedem zugestehen, so weit bei den Übungen mitzumachen, wie es sich für ihn aus seiner Perspektive gut anfühlt.

Um die Teilnehmenden hierfür zu sensibilisieren und die Wirkmechanismen der folgenden Übungen zu verdeutlichen, ist es hilfreich, zum Start das Komfortzonenmodell vorzustellen. Hierdurch kann den Teilnehmenden sehr praxisnah vermittelt werden, dass durch den Schritt aus der Komfortzone Weiterentwicklung möglich wird und es Übungen in dieser Einheit geben wird, die genau das ermöglichen.

Das Modell besteht aus der Komfortzone in der Mitte und der Lernzone außen herum. In der Komfortzone geht es um die Routine des Alltags, in der wir uns wohl und sicher fühlen. Außerhalb dieser Zone ist die Lernzone, in die wir uns begeben, wenn wir Neues ausprobieren. Und nur in der Lernzone liegt die Chance, zu wachsen und sich weiterzuentwickeln. Indem wir uns regelmäßig neuen Aufgaben, neuen Herausforderungen und neuen Kompetenzbereichen stellen, wächst unser Fähigkeitsspektrum. Nach einiger Zeit binden wir diese Bereiche ganz automatisch in den Komfortzonenbereich ein und sie bereiten uns keine Schwierigkeiten mehr. Außerhalb der Lernzone gibt es in dem Modell noch die Panikzone, die verdeutlichen soll, dass die Lernschritte nicht zu groß sein sollten: Jede Herausforderung darf uns fordern, aber nicht überfordern.

Index

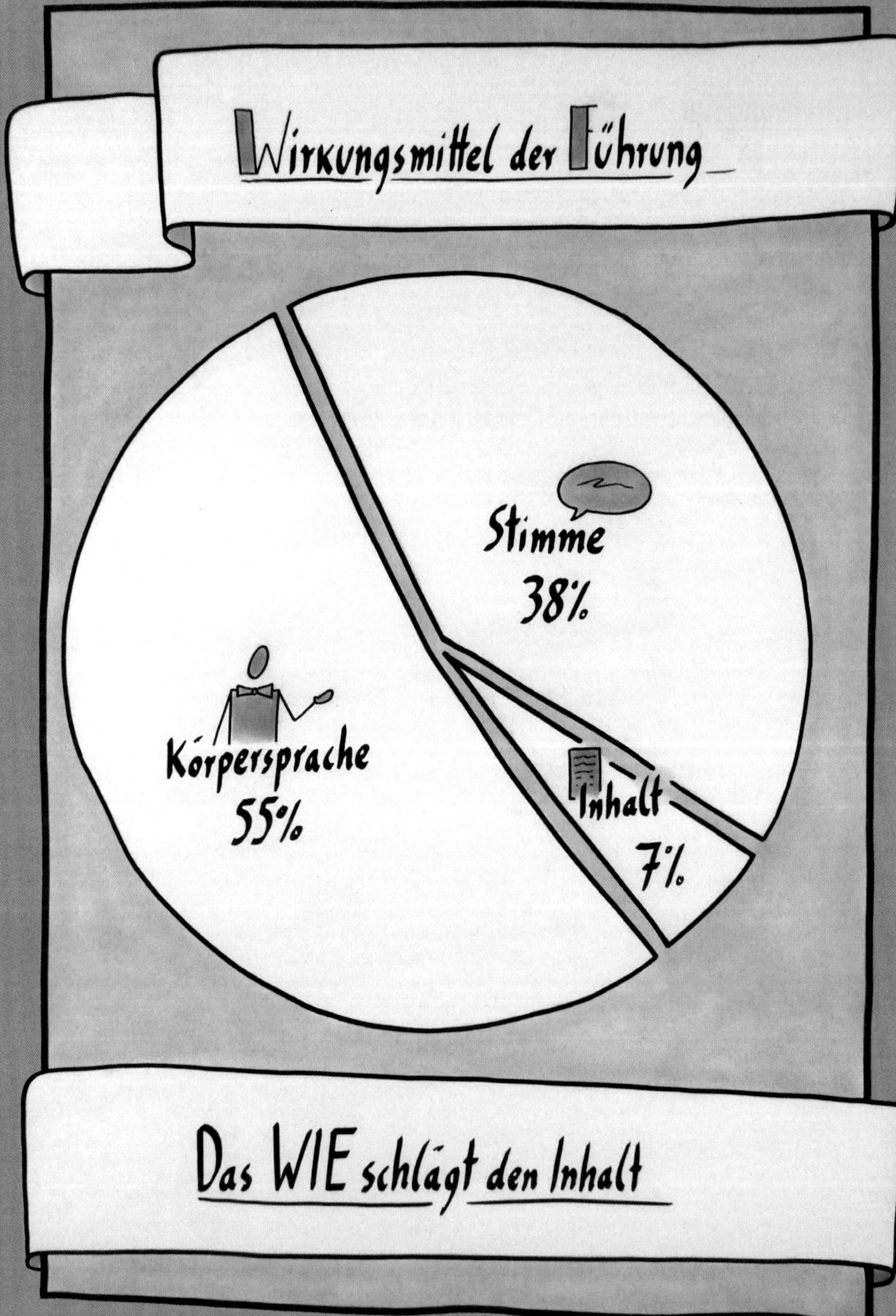
Wirkungsmittel der Führung
Stimme
38%
Körpersprache
55%
Inhalt
7%
Das WIE schlägt den Inhalt

Wirkungsmittel der Führung

Kurzbeschreibung

Im ersten Schritt werden die Wirkmechanismen der Kommunikation vermittelt und darauf aufbauend konkrete Elemente für Führungskräfte erarbeitet.

Aufbau

Die Trainerin bzw. der Trainer vermittelt anhand eines Flipcharts (siehe links) die drei Säulen der Kommunikation. Im Anschluss sammeln die Teilnehmenden zu zweit über 10 Minuten konkrete Ideen für ein gelungenes Auftreten. Hierfür erhalten sie Klemmbretter und Stifte. Danach findet ein Brainstorming statt, bei dem die Trainerin bzw. der Trainer die vorgestellten Ergebnisse simultan visualisiert.

Intro

„Nun liegt unser Schwerpunkt bei den Wirkungsmitteln der Führung. Sie als Führungskraft kommunizieren und wirken zu jeder Zeit, auch ohne etwas zu sagen. Im Folgenden soll es darum gehen, dass wir uns mit diesen Wirkmechanismen beschäftigen und uns diese bewusst machen. Beginnen wir mit einem Modell, das sich auf Präsentationen bezieht. Es gibt die 55-38-7 Regel nach Albert Mehrabian. Nach dieser basieren 55 Prozent unserer Außenwirkung auf der Körpersprache, 38 Prozent auf unserer Stimme und 7 Prozent auf dem Inhalt des Vortrags. Das Spannende daran ist, dass der – für uns eigentlich so zentrale – Inhalt den mit Abstand geringsten Anteil hat. Die anderen Punkte sind wesentlich relevanter. Es ist jedoch wichtig, dass die Gesamtwirkung im Zusammenspiel dieser Elemente stimmig ist. Natürlich müssen Sie sich inhaltlich gut vorbereiten, dennoch sind Ihre Körpersprache und Ihre Stimme sehr entscheidend dafür, wie Sie wahrgenommen werden.

Ich möchte mit Ihnen nun gerne in die Praxis gehen. Sie arbeiten gleich zu zweit zusammen und durchdenken über 10 Minuten, welche konkreten Elemente bezüglich Körpersprache und Stimme eine Rolle spielen. Gehen Sie bitte ein paar Führungssituationen wie Präsentationen, die Moderation von Meetings, Kritikgespräche oder das Gespräch auf dem Flur durch. Hier können Körpersprache und Stimme die Wirkung der Kommunikation entscheidend beeinflussen. Schreiben Sie bitte Ihre Ideen auf. Danach führen wir ein Brainstorming durch und ich visualisiere Ihre Ergebnisse auf einem Flipchart mit. Anschließend werden wir tiefer in das Thema Körpersprache einsteigen und gemeinsam überlegen, wie und wo Sie diese nutzen können. Haben Sie Fragen? Dann zur Einteilung!“

Hintergründe

Mit dieser Übung werden Grundlagen gelegt, auf die sich die Trainerin bzw. der Trainer in den folgenden Praxisübungen beziehen kann. Zu der in vielen Büchern und Workshops zitierten 55-38-7 Regel nach Albert Mehrabian gibt

Wirkungsmittel der Führung

es auch kritische Stimmen. Mir geht es aber vor allem darum, zu verdeutlichen, dass Körpersprache und Stimme in der Kommunikation nicht zu unterschätzen sind.

Tipps

- In der Regel werden körpersprachliche Aspekte zugänglich, indem man sich bewusst in die jeweilige Haltung begibt und nachspürt, was sich durch diese verändert. Das können Sie auch sehr gut als Gruppenexperiment durchführen. So können sich z.B. alle Teilnehmenden hinstellen und einmal den Oberkörper mit hängenden Schultern leicht nach vorne beugen, um sich dann aufzurichten. Hier ist der Unterschied auf das eigene Körpergefühl deutlich wahrnehmbar.
- Wenn Sie sich als Trainerin bzw. Trainer schon intensiver mit dem Thema Körpersprache beschäftigt haben, können Sie bei der Übung sehr gut einen entsprechenden Vortrag anschließen. Hier sind z.B. Themen wie Distanzzonen, der optimale Händedruck, die Wirkung der Körperhaltung, der Wert des Blickkontakts etc. immer Themen, die die Teilnehmenden interessieren.

Material

Klemmbretter, Stifte

ETWAS NONSENS

Etwas Nonsens

Kurzbeschreibung

Die Teilnehmenden halten zu Nonsens-Themen spontan eine Rede. Die Zahl der Zuschauer wird dabei stufenweise erhöht.

Aufbau

Die Teilnehmenden werden zunächst in Zweiergruppen eingeteilt und bekommen den Auftrag, sich mit ihren Stühlen einen Platz im Workshop-Raum zu suchen, der einen größtmöglichen Abstand zu den anderen Gruppen gewährleistet. Dann zieht jeweils eine Person ein Thema für eine Nonsens-Rede (z.B. aus einem Säckchen), zu der sie spontan eine zweiminütige Rede im Stehen hält. Die Partnerin bzw. der Partner bleibt währenddessen sitzen. Anschließend werden die Rollen gewechselt und die andere Person hält ebenfalls einen zweiminütigen Vortrag.

Für die zweite Runde gehen jeweils zwei Zweiergruppen zusammen. Auch hier halten die Gruppenmitglieder nacheinander eine Rede. Zuletzt folgt eine Runde im Plenum: Die Zuschauerinnen und Zuschauer setzen sich in eine U-Form. Wer möchte, kommt nun nach vorne und beginnt mit seinen Ausführungen. Für diese Runde wird keine Redezeit vorgegeben.

Intro

„Als Führungskräfte müssen Sie sehr oft spontan, gerne mit Leidenschaft und Charisma, zu unterschiedlichsten Themenfeldern in verschiedensten Situationen sprechen. Es geht nun darum, dies zu üben. Ich teile Sie gleich in Zweiergruppen ein und Sie suchen sich bitte mit Ihren Stühlen einen Platz mit einem maximalen Abstand zu den anderen Gruppen.“ Die Trainerin bzw. der Trainer teilt die Gruppen ein.

„Das hat sehr gut funktioniert, vielen Dank. Nun einigen Sie sich bitte darauf, wer von Ihnen startet. Ich habe hier ein Säckchen mit unterschiedlichen Nonsens-Themen. Auf diesem Zettel steht zum Beispiel: ‚Der Pförtner am Kühlschrank‘. Sollten Sie diesen Zettel ziehen, dürfen Sie gleich zwei Minuten genau hierüber eine kleine Ansprache halten. Wenn Sie mein Signal hören, schließen Sie in Ruhe Ihre Rede ab und genießen Ihren Applaus. Worauf es mir bei dieser Übung ankommt, ist, dass Sie mit dem arbeiten, was sie gerade im Kopf haben. Langes Nachdenken ist bei dieser Übung kontraproduktiv. Dann ziehen Sie nun Ihr Thema. Bitte erst darauf schauen, wenn alle gezogen haben.“

Nachdem die erste Rede gehalten wurde: *„Nach diesen fulminanten Auftritten darf nun Ihr Gegenüber loslegen.“* Nach der zweiten Runde: *„Nun erhöhen wir Ihre Zuhörerschaft. Gehen Sie bitte in Vierer-Gruppen zusammen und dann kann jede bzw. jeder von Ihnen erneut eine zweiminütige Rede halten.“*

Etwas Nonsens

Nachdem nacheinander alle vier Gruppenmitglieder ihre Nonsens-Rede gehalten haben: *„Zuletzt haben Sie nun die Chance, eine Nonsens-Rede in der Großgruppe vorzutragen. Hierfür setzen wir uns in eine U-Form und dann starten wir.*
Nachdem die U-Form steht: *„In unserer letzten Runde legen wir keine Zeit fest. Sie entscheiden, wann es Sinn macht, den Vortrag zu beenden. Wer startet?"*

Hintergründe

Die Teilnehmenden können durch diese Methode ihre rhetorischen Qualitäten weiterentwickeln. Sie üben sich darin, frei zu sprechen, und gewinnen an Selbstsicherheit. Durch den mehrstufigen Aufbau fällt es den Rednerinnen und Rednern leichter, sich auf die Übung einzulassen. Wenn es den Teilnehmenden in der Plenumsrunde schwerfällt, den ersten Schritt zu wagen, kann die Trainerin bzw. der Trainer anbieten, dass aus drei Themen gewählt werden darf oder dass die Teilnehmenden zu zweit auf die Bühne gehen können.

Tipps

- Damit alle ungestört ihre Reden beenden können, bietet es sich an, dass die Trainerin oder der Trainer mit einem angenehmen Geräusch, wie z.B. das Anstoßen mit zwei Gläsern, signalisiert, dass die Zeit um ist.
- Aufbauend kann die Trainerin bzw. der Trainer mit der Gruppe sehr gut herausarbeiten, was es für einen guten Auftritt braucht (Haltung, Körpersprache, Stimme, Start/Ende etc.).
- Wenn Sie sich als Trainerin bzw. Trainer eigene Nonsens-Themen erarbeiten, vermeiden Sie politische oder religiöse Themen.

Material

Nonsens-Themen-Zettel. Eine Themenauflistung ist als Download-Ressource abrufbar.

Quelle: Armin Poggendorf (2012): Angewandte Teamdynamik. Cornelsen Verlag, Berlin.

Storytelling

1. Suchen Sie zum Beispiel für
   - eine Betriebsversammlung,
   - eine Moderation,
   - eine Einführungsveranstaltung,
   - eine Mitarbeitendenschulung oder
   - ...

   eine Geschichte aus.
2. Verknüpfen Sie diese mit eigenen Erlebnissen, Erfahrungen und Gedanken.
3. Entwickeln Sie einen kurzen Vortragsimpuls.

40 Minuten

Storytelling

Kurzbeschreibung

Die Teilnehmenden suchen sich aus einem zur Verfügung gestellten Fundus eine Geschichte aus und stellen diese in Verbindung mit einer persönlichen Erfahrung oder eigenen Gedanken vor.

Aufbau

Die Teilnehmenden haben 40 Minuten Zeit, um sich aus einer Sammlung eine Geschichte auszusuchen und aus dieser eine Kurzpräsentation zu entwickeln.

Intro

„Kennen Sie das? Sie lesen oder hören eine Geschichte und bekommen einen wichtigen Impuls für Ihr Leben, Ihre Arbeit und/oder Ihre Führungstätigkeit. Geschichten können uns weiterbringen und die besten Geschichten schreibt Ihr Leben. Wenn Sie Ihre Mitarbeitenden motivieren, Kunden begeistern oder Ihr Team inspirieren wollen, ist eine Geschichte immer ein gutes Mittel, um Ihre Botschaft mit Leben zu füllen. Hierdurch können Ihre Mitarbeiterinnen und Mitarbeiter besser ‚andocken'. Genau das möchte ich nun mit Ihnen ausprobieren. Sie haben nun den Auftrag, für eine Betriebsversammlung, eine Schulung etc. eine Geschichte auszusuchen und diese vorzustellen. Ich habe Ihnen hier auf dem Tisch verschiedenste zusammengestellt. Sie können diese Geschichte gerne mit einem eigenen Erlebnis und eigenen Überlegungen verknüpfen. Zur Vorbereitung haben Sie 40 Minuten Zeit. Dann starten wir nach dem Alphabet der Nachnamen. Wer würde dann den Anfang machen? Ah, Herr Bertram, passt das für Sie?... Perfekt."

Hintergründe

Storytelling gehört in das Repertoire einer jeden Führungskraft. Durch Geschichten können sie emotionaler kommunizieren, vermitteln ihre Botschaft nahe am Leben und erreichen damit direkt die anwesenden Menschen. Durch diese Methode erleben die Teilnehmenden die Wirkung von Storytellig und tauschen sich oft noch lange über aufgekommene Impulse aus den Geschichten aus. Es ist eine Übung, die den Teilnehmenden eine Möglichkeit aufzeigt, zu berühren, in Beziehung zu gehen und ihre Botschaft gehirngerecht zu verpacken.

Tipps

- Starten Sie als Trainerin bzw. Trainer die Übungssequenz mit Ihrer Lieblingsgeschichte und schaffen Sie ein motivierendes Beispiel.
- Schreiben Sie auf die Vorlagen nicht nur die jeweilige Geschichte, sondern führen Sie ergänzend Stichworte auf, worum es in der Essenz geht. Dann fällt es den Teilnehmenden leichter, schnell die richtige Geschichte zu finden.
- Tiefgründige Geschichten finden Sie im Internet. Dort gibt es unzählige Quellen.

Material

Ausgedruckte Geschichten

Die Macht der Rede
Begeistern, motivieren, inspirieren und informieren Sie Ihre Mitarbeiter*innen über eine Rede:
• Antrittsrede
• Jahresplanung
• Weihnachtsansprache
• Zukunftsbild
• Klausurabschluss
• ...

Die Macht der Rede

Kurzbeschreibung

Die Teilnehmenden halten eine Führungsrede und bekommen im Zusammenspiel mit der jeweiligen Video-Aufnahme ein Feedback.

Aufbau

Die Teilnehmenden bekommen 30 Minuten Zeit, um eine mindestens drei- bis fünfminütige Rede auszuarbeiten. In den ersten 15 Minuten bereiten sie sich alleine vor, danach kommen die Teilnehmenden zu zweit zusammen und unterstützen sich gegenseitig. Im Anschluss hält jeder seine Rede vor der Gesamtgruppe. Die Trainerin bzw. der Trainer zeichnet diese mit einer Videokamera auf.

Nach dem gemeinsamen Anschauen des Videos startet die Person, die die Rede gehalten hat und berichtet, wie es ihr ergangen ist und was sie im Video wahrgenommen hat. Dann folgt das Feedback der Teilnehmenden und zuletzt das der Trainerin bzw. des Trainers. Allgemeine Erkenntnisse werden auf dem Flipchart (siehe nächste Seite) festgehalten.

Intro

„Für mich ist eine der wichtigsten Kompetenzen einer Führungskraft, wirkungsvolle Reden halten zu können. Sie kennen es alle, sei es bei Ihrer Antrittsrede als Führungskraft, in der Sie sich Ihrer neuen Abteilung vorstellen, oder zur Jahresplanung, in der Sie die Mitarbeitenden auf die Zielzahlen der nächsten zwölf Monate einstimmen oder zur Weihnachtsfeier, bei der es darum geht, stimmungsvolle Worte zum Jahresende zu finden. Es gibt viele Situationen, in denen Sie mit Ihrer Redekunst gefragt sind. In der nun folgenden Übung trainieren wir genau das. Sie suchen sich eine Situation aus Ihrem Führungsalltag aus und haben 30 Minuten Zeit für die Vorbereitung einer ca. drei- bis fünfminütigen Rede. Sie arbeiten die ersten 15 Minuten für sich alleine und kommen dann zu zweit zusammen und coachen sich gegenseitig. Wenn Sie die Rede halten, werden wir dies mit der Kamera aufnehmen. Nach meiner Erfahrung ist es mit Kamera zwar etwas ‚kribbeliger', aber gleichzeitig wird die Übung und insbesondere das Feedback viel ergiebiger. Zudem ist es sehr lehrreich, sich selbst einmal gesehen zu haben. Ich teile Sie nun in Zweiergruppen ein, sodass Sie wissen, mit wem Sie sich in 15 Minuten austauschen können. Seien Sie um 10:30 Uhr bitte wieder hier im Workshop-Raum. Nun zur Gruppeneinteilung …"

Hintergründe

Eine wundervoll lebensnahe Übung, die die Teilnehmenden für wichtige Aspekte der Führungsrede sensibilisiert und ihnen die Möglichkeit gibt, diese zu trainieren. Je nach Workshop-Thema kann in der Reflexion z.B. der Schwerpunkt auf Rhetorik, Körpersprache und/oder Stimme gelegt werden.

Die Macht
der Rede

Tipps

- Ich nutze die Übung gerne am Anfang und wiederhole sie am Ende des Performance-Teils. So können die Teilnehmenden sehen, was sich bei ihnen verändert hat.
- Der Einsatz der Kamera vergrößert den notwendigen Schritt der Teilnehmenden aus der Komfortzone heraus. Folgen Sie Ihrem Bauchgefühl, ob Sie diese einsetzen oder nicht.
- Je nach Teilnehmerkreis kann der Zeitbedarf zur Vorbereitung wesentlich größer sein. Planen Sie etwas Puffer ein.

Material

Videokamera, Beamer und evtl. Laptop

Meetings moderieren

Wenn Mitarbeiterinnen und Mitarbeiter in Entscheidungsprozesse integriert werden, dient das der Identifikation mit den angestrebten Zielen und der Motivation bei der Umsetzung. Gleichzeitig profitiert das Unternehmen von der Einbeziehung des Gruppen-Know-hows und der unterschiedlichen, zum Vorschein kommenden Sichtweisen. In diesem Kapitel liegt der Schwerpunkt auf den Kompetenzen des Moderierens, die eine Führungskraft braucht, um gemeinsam mit den Mitarbeitenden zielführend an Ideen, Lösungen und Strategien zu arbeiten.

Schwimmen lernt man durch schwimmen. Moderieren durch moderieren.

Aus diesem Grund sind in diesem Kapitel nicht nur verschiedene Basic-Methoden, die ein erfolgreiches Moderieren unterstützen, beschrieben, sondern auch weitere Tools, die das konkrete, praktische Üben fördern. Das Kapitel besteht demnach aus zwei Teilen:

- Im ersten Teil („**Moderations-Basics**") finden Sie unterschiedliche Methoden, die eine gute Grundlage für die darauf aufbauenden Live-Moderationen (Teil 2) bilden: das professionelle Schreiben auf Flipchart und Pinnwand, eine Abfrage der bisherigen Erfahrungen und eine Methode zur Verdeutlichung von proxemischen Zusammenhängen. Zuletzt wird noch gezeigt, wie Moderationsmethoden und -konzepte in der Gruppe entwickelt, präsentiert und besprochen werden.
- Im zweiten Teil („**Moderation live**") stehen praktische Übungen im Vordergrund. Sie finden hier konkrete Methoden mit einer sehr praxisnahen Herangehensweise an das Thema Moderations-Know-how: Ziel ist es, die Moderation in Aktion zu vermitteln und gleichzeitig Tools an die Hand zu geben, bei denen die Führungskräfte direkt Lust bekommen, diese mit ihren Mitarbeitenden auszuprobieren. Das heißt konkret: Aus der Gruppe stellen sich Führungskräfte zur Verfügung, die eine von der Trainerin bzw. dem Trainer vorgeschlagene Methode moderativ mit den übrigen Teilnehmenden umsetzen. Durch die erlebte Moderationspraxis ergänzen Sie prozessorientiert und gehirngerecht die in den Basics erlernten Inhalte.

Die Führungskraft als Moderatorin oder Moderator

Insbesondere bei einer prozessbezogenen Führung, die die Führungskraft mehr als Coach fordert, sind moderative Fähigkeiten eine wichtige Kompetenz. Natürlich ist es sinnvoll, zum Beispiel bei größeren Veränderungsprozessen oder Konflikten, eine externe Moderation hinzuzuziehen. In diesem Workshop-Teil sollten mit den Teilnehmenden daher auch die sicherlich fließenden Grenzen bzgl. der Moderation bei gleichzeitiger Wahrnehmung der Führungsrolle besprochen werden. Ist es notwendig, dass die Führungskraft die Moderationsrolle verlassen muss, um etwas inhaltlich beizutragen, so sollte sie dies gegenüber der Gruppe transparent machen.

Meetings gestalten

Um den Führungskräften einen helfenden Überblick über die wichtigsten Phasen in der Moderation zu ermöglichen, kann zum Start dieser Standard-Moderationsprozess besprochen werden.

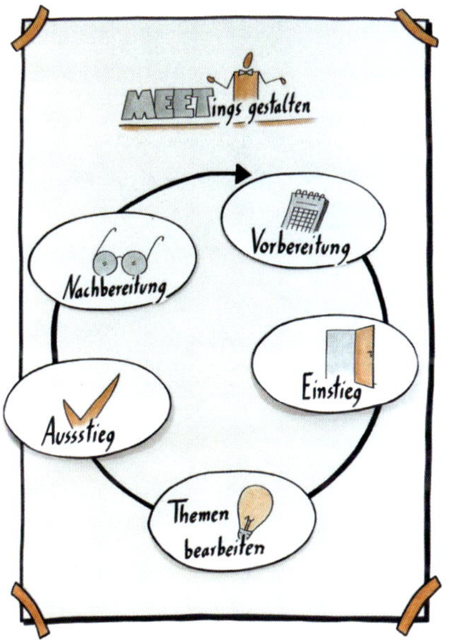

1. **Vorbereitung:** In der Vorbereitung entwickelt die Führungskraft nach dem Bestimmen der Ziele, der Inhalte und der Teilnehmenden eine Veranstaltungsdramaturgie. Darauf folgt die Organisation des dienlichsten Rahmens (Ort und Zeit). Sie lädt die Teilnehmenden ein und fragt evtl. nach Anliegen, die diese einbringen möchten.
2. **Einstieg:** Hier steht das Atmosphärische und die Ausrichtung der Veranstaltung im Mittelpunkt. Die Begrüßung, die Besprechung der Agenda, die Zielsetzungen, die Regeln, das Kennenlernen und die Erwartungen sind hier die wichtigsten Themen.
3. **Themen bearbeiten:** Nachdem die Gruppe nun arbeitsbereit ist, folgt je nach Situation auf der Basis der Veranstaltungsziele das Themensammeln oder -vorstellen, das Strukturieren (Priorisieren) und das Bearbeiten. Innerhalb oder am Ende dieses Prozessschrittes werden Maßnahmen zur konkreten Umsetzung mit klaren Verantwortlichkeiten terminiert, geplant und visualisiert.
4. **Ausstieg:** Hier schließt sich der Kreis und die Reflexion der Veranstaltung rückt in den Vordergrund. Fragen wie „Sind alle zufrieden?", „Braucht es noch etwas?", „Sollte beim nächsten Mal etwas anders gemacht werden?" stehen hier im Vordergrund.
5. **Nachbereitung:** In der Nachbereitung reflektiert die Führungskraft den Moderationsprozess, stellt sicher, dass die Teilnehmenden das Protokoll erhalten, und behält die besprochenen Maßnahmen zur Umsetzung im Blick.

I. Moderations-Basics

In diesem Abschnitt werden vielseitige Methoden dargestellt, die den Teilnehmenden Wissens- und Erfahrungsräume für die Moderation eröffnen. Angrenzende Themenbereiche, wie z.B. die Haltung in der Moderation, Gruppendynamik, Umgang mit Störungen und vieles Wichtige mehr, die in diesem Methodenbuch zu weit führen würden, können als Kurzimpuls an unterschiedlichen Stellen eingebunden werden.

Zu den Grundlagen, die die Teilnehmenden in der Moderationseinführung vermittelt bekommen, gehört der Einsatz der LOP-Liste und des Themenspeichers.

- Auf der **LOP-Liste** werden Arbeitsaufträge notiert, die während der Veranstaltung (Konferenz, Workshop etc.) entstehen. In der Spalte „Wer?" wird die Person, die sich um die jeweilige Aufgabe kümmert, benannt. Unter „Was?" wird das „To-do" konkret beschrieben. In der letzten Spalte „Bis wann?" wird ein realistischer Zeitpunkt festgelegt.
- In den **Themenspeicher** kommen Notizen aus dem Workshop, die festgehalten werden müssen, aber anderweitig zu besprechen sind. Beide Flipcharts hängen während der Sitzung für alle gut sichtbar im Workshop-Raum.

Index – Moderations-Basics

Du kannst den Wind nicht ändern,
aber die Segel richtig setzen.
Schreib-Werkstatt
1. Mit Schwarz schreiben
2. Druckschrift verwenden
3. Keilspitze nutzen
4. Buchstaben eng aneinander
5. Üben, üben, üben

Schreibwerkstatt

Kurzbeschreibung

Die Teilnehmenden bekommen grundlegende Tipps zum Schreiben auf einem Flipchart und üben die Umsetzung.

Aufbau

Auf der Grundlage der vorgestellten fünf Regeln für ein gelungenes Schriftbild üben sich die Teilnehmenden über 15 Minuten in der Moderationsschrift. Hierfür bekommen sie eine Moderationsschriftvorlage und ein Handout mit Zitaten, aus dem sie sich zum Üben diejenigen aussuchen, die ihnen besonders gut gefallen. Ein kleiner Rundgang mit wertschätzendem Blick auf Schrift und Zitate schließt die Übung ab.

Intro

„Eine gut lesbare Schrift ist eine wichtige Basis für eine gelungene Moderation. Genau darum soll es nun gehen. Sie sehen hier (siehe Flipchart links) die für mich fünf wichtigsten Regeln, damit Ihre Moderationsschrift gut zur Wirkung kommt. Starten wir gleich mit dem ersten Punkt. Schreiben Sie immer mit Schwarz, das bietet den größten Kontrast zum weißen Hintergrund des Flipcharts. Benutzen Sie, wenn möglich, Druckschrift. Schreibschrift ist deutlich schwieriger lesbar. Schreiben Sie mit der breiten Kante des Stifts und nutzen Sie die Größe der Kästchen auf Ihrem Flipchart aus. Und zu guter Letzt gilt: üben, üben, üben!

In der nun folgenden Aufgabe soll es genau darum gehen: die Moderationsschrift zu üben. Hierfür bitte ich Sie nun an die Flipcharts. Ich habe hier ein Handout mit Zitaten und eine Vorlage mit den Buchstaben der Moderationsschrift für Sie. Sie haben nun 15 Minuten Zeit, um sich Zitate auszusuchen, die Ihnen gefallen, und diese auf das Papier zu bringen. Haben Sie Fragen? … Dann los!"

Hintergründe

Die Methode sensibilisiert die Teilnehmenden für das Thema Schrift und animiert, diese zu üben. Die Nutzung von Zitaten wirkt sich in der Regel motivierend darauf aus, ansehnlich und vor allem lesbar zu schreiben.

Tipps

- Wenn Sie nicht ausreichend Flipcharts haben, können Sie das Flipchart-Papier an den Wänden des Workshop-Raums, z.B. mit Malerkrepp, anbringen.
- Die geschriebenen Zitate der Teilnehmenden verschönern im Anschluss die Wände des Workshop-Raums und laden zum Dialog ein.

Material

Moderationsschriftvorlage, Handout mit Zitaten, Flipcharts, ausreichend Flipchart-Papier, Marker mit Keilspitze, evtl. Malerkrepp

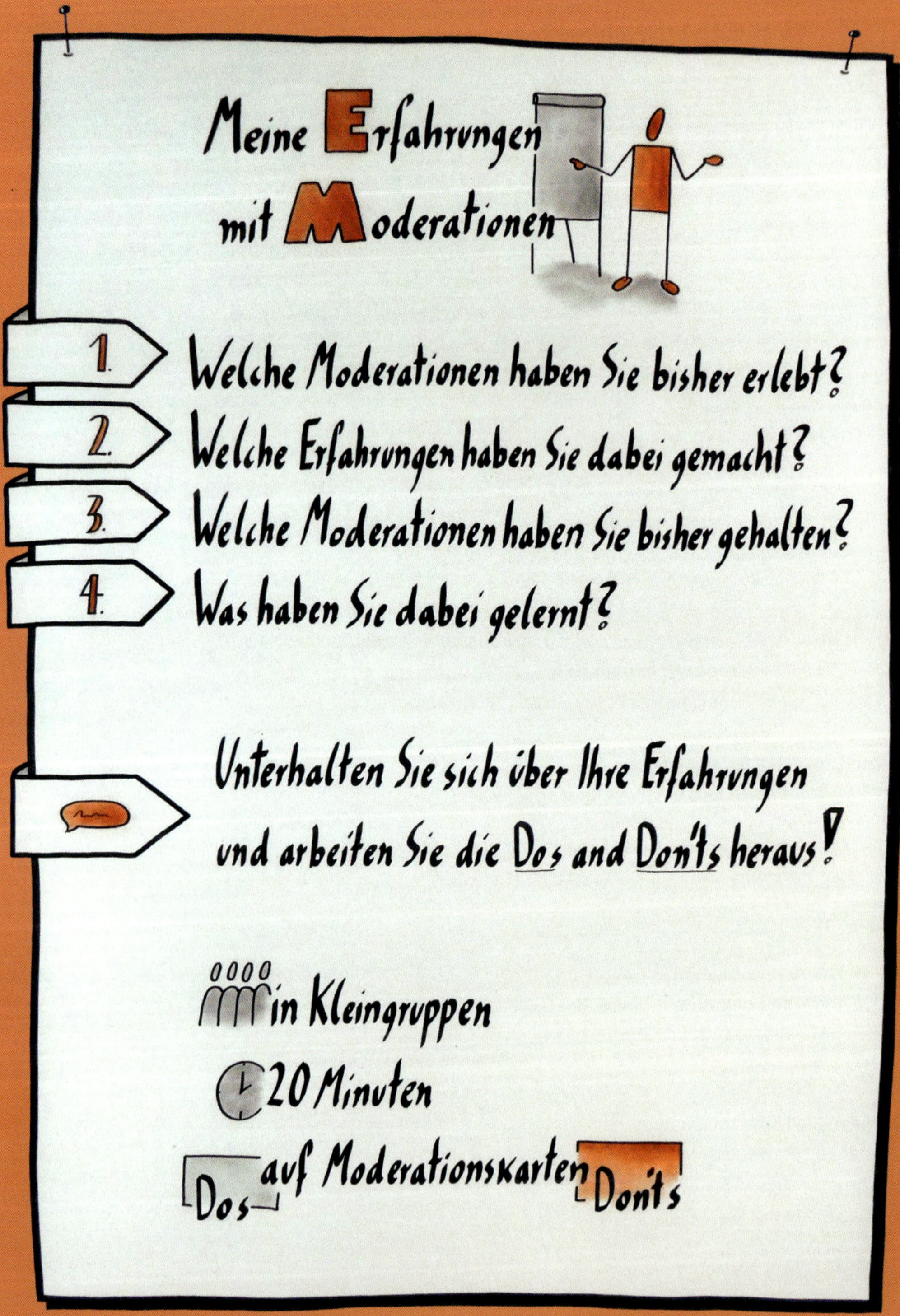
Meine Erfahrungen mit Moderationen
1. Welche Moderationen haben Sie bisher erlebt?
2. Welche Erfahrungen haben Sie dabei gemacht?
3. Welche Moderationen haben Sie bisher gehalten?
4. Was haben Sie dabei gelernt?
Unterhalten Sie sich über Ihre Erfahrungen
und arbeiten Sie die Dos and Don'ts heraus!
in Kleingruppen
20 Minuten
Dos
auf Moderationskarten
Don'ts

Meine Erfahrungen mit Moderationen

Kurzbeschreibung

Die Teilnehmenden erarbeiten auf der Basis ihrer Erfahrungen die DOs und DON'Ts bei Moderationen.

Aufbau

Die Trainerin bzw. der Trainer bittet die Teilnehmenden, sich 20 Minuten lang über ihre Moderationserfahrungen auszutauschen. Hierfür stehen die Fragen auf dem Flipchart (siehe links) zur Verfügung. Während des Austauschs notieren sie stichpunktartig ihre Dos und Don'ts auf Moderationskarten. Die Dos kommen auf weiße Moderationskarten und die Don'ts auf rote. Im Anschluss werden die Ergebnisse präsentiert und die Moderationskarten an einer Pinnwand befestigt.

Intro

„Zum Start unseres Themas Moderation möchte ich mit Ihnen zunächst einmal darauf schauen, welche Erkenntnisse Sie in puncto Moderation bisher gemacht haben – sei es als Teilnehmende oder auch in der Rolle der Moderatorin oder des Moderators. Sie haben nun gleich 20 Minuten Zeit, um in Kleingruppen auf der Basis dieser vier Fragen (die Trainerin/der Trainer zeigt auf das Flipchart), *die Dos und Don'ts der Moderation zu notieren. Denken Sie bitte an bereits erlebte Moderationen und fragen Sie sich, was Ihnen gefallen hat und was nicht. Überlegen Sie, welche Tipps Sie aus Ihren eigenen Erfahrungen heraus geben können. Schreiben Sie alle empfehlenswerten Aspekte bitte auf weiße Karten und alle Dinge, von denen Sie abraten, auf rote. Haben Sie Fragen? Dann zur Gruppeneinteilung …"*

Hintergründe

Durch diese Methode holen Sie das Gruppenwissen im Bereich Moderation ein, das in der Regel sehr vielseitig ist. Es bietet sich an, diese Übung zum Start des Themenfeldes einzusetzen, um dann bei Ihren darauffolgenden Vortragsimpulsen auf die Inhalte bereits genannter Aspekte und eventuell dazugehöriger Geschichten Einzelner zurückkommen zu können. So schaffen Sie immer wieder eine Brücke zur Erfahrungswelt der Teilnehmenden.

Tipp

Sie können auf der Ergebnis-Pinnwand vorab verschiedene Rubriken bilden und diese in Ihrem Intro einbeziehen, z.B. Einladung, Dramaturgie, Methoden, Umgang mit schwierigen Situationen, die Moderationsrolle, Rahmenbedingungen, digitale Moderationen … Hierdurch bekommen die Teilnehmenden noch mehr Ideen.

Material

Weiße und rote Moderationskarten, Marker

Proxemische Gedanken

Proxemische Gedanken

Kurzbeschreibung

Mithilfe eines Stuhlexperiments werden sich die Teilnehmenden der Bedeutung von Raumpositionen bewusst.

Aufbau

Die Teilnehmenden sitzen im Stuhlkreis. Zu Beginn werden sich die Teilnehmenden durch eine kurze Atemübung, die von unterschiedlichen Fragestellungen begleitet wird, der Qualitäten und Defizite ihrer jeweiligen Sitzposition im Raum bewusst (siehe Intro). Danach wechseln die Teilnehmenden mit ihrem jeweiligen Gegenüber und die Atemübung wird wiederholt.

Anschließend rückt die Reflexion der Erfahrungen in den Fokus. Die Teilnehmenden werden in Zweiergruppen aufgeteilt und bekommen den Auftrag, sich sieben Minuten über folgende Fragen zu unterhalten:

- Warum habe ich den ersten Platz bewusst/unbewusst gewählt?
- Wo liegen die Unterschiede zwischen den beiden Plätzen?
- Auf welchem Platz habe ich mich wohler gefühlt und warum?

Die Trainerin oder der Trainer simultanvisualisiert die Erkenntnisse aus dem darauffolgenden Austausch über die Gesprächsinhalte im Plenum.

Intro

„In unserer nächsten Übung geht es mir darum, dass Sie ein kleines Experiment zu Ihrer aktuellen Sitzposition erleben. Dafür lade ich Sie nun ein, sich aufrecht hinzusetzen und dabei den unteren hinteren Rücken an den Stuhl zu bringen. Sie können, wenn Sie mögen, die Beine gerne nebeneinanderstellen und die Hände auf die Oberschenkel legen. Wenn etwas anderes entspannender für Sie ist, nehmen Sie gerne eine andere Sitzposition ein! (kurze Pause) *Jetzt atmen Sie bitte dreimal ruhig durch die Nase ein und den Mund aus. Kommen Sie noch mehr im Hier und Jetzt an …* (kurze Pause)

Nun nehmen Sie Ihren Sitzplatz im Raum wahr. Wie ist Ihre Position in diesem Raum? Was ist neben Ihnen, was vor Ihnen? Was unter Ihnen, was über Ihnen? Schauen Sie sich um … (kurze Pause) *Wo ist die Tür? Wo sind die Fenster? Gibt es ein Vorne oder ein Hinten im Raum?* (kurze Pause) *Wie sind die Lichtverhältnisse? (kurze Pause) Was haben Sie im Blick und was nicht?* (kurze Pause) *Fühlen Sie sich auf ihrem Platz wohl?* (kurze Pause) …

Ich bitte Sie nun, Ihren Platz mit Ihrem Gegenüber zu wechseln. (Die Teilnehmenden wechseln) *Atmen Sie nun erneut ganz bewusst ein und aus und kommen Sie auf Ihrem neuen Platz an. Erspüren Sie jetzt den Unterschied zu Ihrem*

Proxemische Gedanken
1. Warum habe ich meinen ursprünglichen Platz bewusst/unbewusst gewählt?
2. Wo liegen die Unterschiede zwischen den beiden Plätzen?
3. Auf welchem Platz habe ich mich wohler gefühlt und warum?
Austausch
7 Minuten

Sitzplatz vorher. Wie fühlt sich nun Ihre Position im Raum an? Ist es heller, dunkler? Angenehmer oder unangenehmer? Und warum ist das so? Haben Sie einen anderen Blick? Was genau ist anders? Sie haben nun eine halbe Minute Zeit, um Ihren Platz auf sich wirken zu lassen."

Nach 30 Sekunden bittet die Trainerin oder der Trainer die Teilnehmenden, auf ihren ursprünglichen Sitzplatz zurückzukehren. *„Sie haben nun zwei Raumpositionen erlebt. Gehen Sie jetzt bitte zu zweit zusammen und tauschen Sie sich über sieben Minuten über folgende Fragestellungen aus:*

- *Warum habe ich meinen ursprünglichen Platz bewusst/unbewusst gewählt?*
- *Wo liegen die Unterschiede zwischen den beiden Plätzen?*
- *Auf welchem Platz habe ich mich wohler gefühlt und warum?*

Danach besprechen wir Ihre Erkenntnisse im Plenum und was das alles mit Moderation zu tun hat. Haben Sie Fragen? Dann los!"

Hintergründe

Als Moderatorin oder Moderator ist es nützlich, sich der unterschiedlichen Qualitäten von Positionen im Raum bewusst zu werden, um bei zukünftigen Moderationen einen Platz zu finden, an dem man sich wohlfühlt und der unterstützend wirkt. Wenn eine Moderation geplant und der Rahmen gestaltet wird, sollte die Moderatorin oder der Moderator den Raum im Bewusstsein der unterschiedlichen Positionsqualitäten einrichten. Es ist z.B. hilfreich, wenn die Tür gegenüber ist. So muss sich die Moderatorin oder der Moderator nicht von der Gruppe abwenden, wenn jemand während des Workshops zur Tür hereinkommt. Der Arbeitsbereich der Moderatorin oder des Moderators sollte an einer der kurzen Seite des Raumes sein. Ein Fenster im Rücken empfinden die meisten als störend, da die Teilnehmenden schnell abgelenkt erscheinen. Das dargestellte Experiment dient einer ersten Heranführung an das Thema.

Tipp

Wo platziert sich die Moderatorin bzw. der Moderator optimalerweise? Sie können mit den Teilnehmenden im Anschluss einen Nachbarraum mit Blick auf den bestmöglichen Moderatorenplatz analysieren.

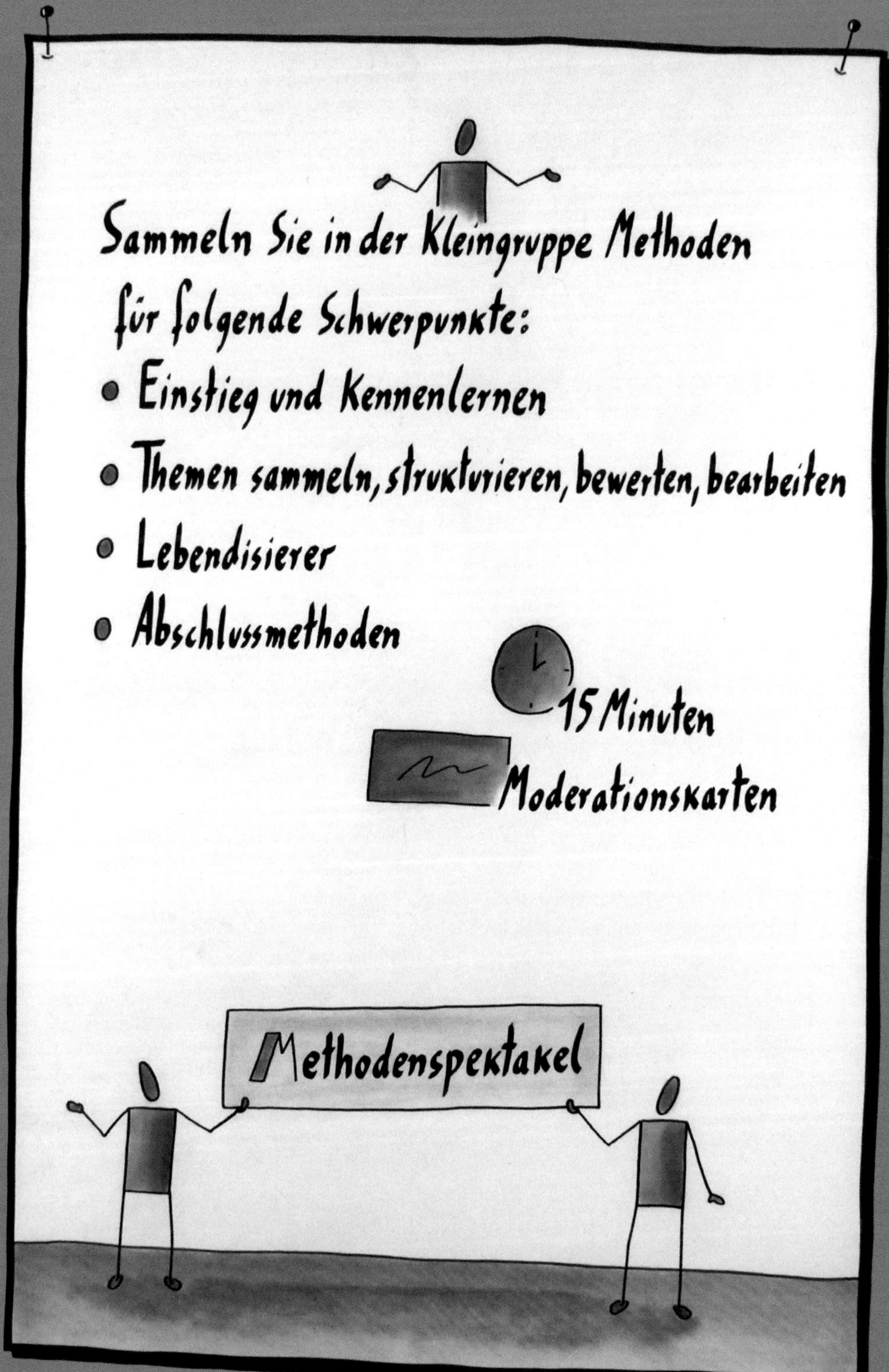
Sammeln Sie in der Kleingruppe Methoden
für folgende Schwerpunkte:
Einstieg und Kennenlernen
Themen sammeln, strukturieren, bewerten, bearbeiten
Lebendisierer
Abschlussmethoden
15 Minuten
Moderationskarten
Methodenspektakel

Methodenspektakel

Kurzbeschreibung

In Kleingruppen werden Moderationsmethoden gesammelt und den einzelnen Moderationsphasen zugeordnet.

Aufbau

Die Teilnehmenden schreiben in Kleingruppen über 15 Minuten bekannte Moderationsmethoden zu den dargestellten Moderationsphasen (siehe Flipchart links) auf Moderationskarten. Im Anschluss werden die Ergebnisse im Plenum präsentiert und auf vorbereiteten Pinnwänden angepinnt.

Intro

„Einer meiner Lieblingssätze ist: Wenn unser einziges Werkzeug ein Hammer ist, sieht alles schnell wie ein Nagel aus. Damit Sie in Ihren Moderationen auf ein umfangreiches Portfolio zurückgreifen können, möchte ich nun mit Ihnen gemeinsam unterschiedliche Methoden erarbeiten. Schöpfen wir zuerst aus Ihren Erfahrungen. Tauschen Sie sich bitte über 15 Minuten in Kleingruppen über Möglichkeiten zum Einstieg, zum Kennenlernen, zum Hauptteil, zum Lebendisieren und zur Gestaltung des Abschlusses aus. Schreiben Sie diese Ideen im Gespräch auf Moderationskarten. Bitte pro Karte eine Methode. Nach den 15 Minuten gehen wir Ihre Vorschläge durch und jede Gruppe bringt die ihrigen an der Pinnwand an. Ich ergänze bei Bedarf im Anschluss. Die bisher erlebten Workshop-Methoden befestige ich nun direkt, dann haben wir weniger doppelt. Passt das für Sie? ... Wir sehen uns um 11:30 Uhr wieder. Nun zur Gruppeneinteilung."

Hintergründe

Durch das Vorgehen hat die Gruppe die Gelegenheit, sich über erlebte Methoden auszutauschen. Die Teilnehmenden merken hierbei oft, dass sie schon sehr viel Vorerfahrung besitzen und können aus dieser Sammlung schöpfen. Die Trainerin bzw. der Trainer kann im weiteren Workshop-Verlauf die entstandene Methodensammlung immer weiter ergänzen.

In diesem Rahmen bietet sich die Vermittlung verschiedener Basisinteraktionen wie die Runde, Seitengespräche, Kleingruppenarbeit, das Fishbowl-Format, konzentrische Kreise und Skalierungen an. Das sind Methoden, die eine Interaktionsbasis für jedwede Inhalte bieten. Die Basisinteraktionen sind im Buch „Teamdynamik entwickeln, begleiten, gestalten" (T. Seibel, K. E. Rickert, managerSeminare, Bonn 2019) näher beschrieben.

Tipps

- Wenn die Gruppe recht groß ist und Sie dementsprechend viele Kleingruppen haben, geben Sie diesen eine maximale Methodenzahl vor. Sonst können es zu viel Vorschläge werden.
- Lebendisierer sind kurze Einheiten für zwischendurch, die wieder Leben in die Gruppe bringen.

Material

Moderationskarten und Marker

MEETings gestalten

Erarbeiten Sie ein Moderationskonzept.

A, Fallbeispiel besprechen

B, Konzeptentwicklung

C, Präsentation der Konzepte

D, Austausch im Plenum

30 Minuten

Flipchart nutzen

Meetings gestalten

Kurzbeschreibung

Die Teilnehmenden entwickeln Moderationskonzepte in Kleingruppen, stellen diese im Anschluss vor und besprechen sie dann im Plenum.

Aufbau

Zu Beginn werden Kleingruppen gebildet, die dann 30 Minuten Zeit haben, um ein Moderationskonzept auf einem Flipchart zu entwickeln. Die Ausarbeitungen werden im Anschluss im Plenum präsentiert und besprochen.

Intro

„Nachdem wir nun so viele Bausteine über Moderationen gesammelt haben, würde ich nun gerne die Moderations-Basics mit einer letzten Übung abschließen. Es soll nun darum gehen, dass Sie in Kleingruppen ein Meeting planen. Konzentrieren Sie sich erst einmal auf die einzelnen Prozessschritte, die auf dem Flipchart beschrieben sind. Zeitliche Aspekte, Zielbeschreibungen etc. lassen wir weg. Nun brauchen wir als Erstes einige Fallgeberinnen bzw. Fallgeber. Bei wem von Ihnen steht ein Meeting oder eine Moderation an oder wer hat eine Idee für eine Konzeptentwicklung?“ Drei Teilnehmende melden sich.

„Wunderbar, wir haben drei Fallgeber und demnach drei Kleingruppen. Ich teile Sie nun gleich ein und Sie haben dann 30 Minuten Zeit, um ihr Beispiel zu besprechen und ein Konzept zu entwickeln. Ich werde mich zwischen den Gruppen bewegen und Sie unterstützen. Passt alles? Dann los!“

Hintergründe

Zur Orientierung für die Teilnehmenden ist es wichtig, vor dieser Methode einen Moderationsablauf vorzustellen. Dieser ist in der Kapiteleinleitung beschrieben (siehe S. 175). Je nach Kenntnisstand der Teilnehmenden können Sie erst einmal mit Prozessschritten arbeiten. Eine komplexere Dramaturgie mit weiteren Aspekten, wie z. B. mit Methode, Inhalt, Ziele, Material und Zeit, ist eine gute „Hausaufgabe“.

Tipps

- Wenn die Teilnehmenden noch sehr wenig Moderationserfahrung haben, ist es hilfreich, im Vorfeld der Übung einen Moderationsplan zusammen mit der gesamten Gruppe zu gestalten. Mit dieser Vorlage fällt es den Teilnehmenden leichter, in Kleingruppen etwas Eigenes zu planen.
- Die beschriebenen 30 Minuten sind relativ knapp bemessen. Trotzdem ist die Angabe sinnvoll, damit der zeitliche Rahmen für die Kleingruppenarbeit sich nicht zu sehr ausdehnt. Kalkulieren Sie bei Ihrer Planung mit mind. 45 Minuten.

II. Moderation live

In diesem Teil liegt der Schwerpunkt darin, die erworbenen Moderationsfähigkeiten durch intensives Praxistraining zu erweitern. Die zusammengestellten Moderationsmethoden sind sehr inspirierend und fördern bei den Führungskräften die Lust, diese nach dem Workshop im Alltag mit ihrem Team zu erproben. Im Zusammenhang stehende Themen wie Körperhaltung, Stimme etc. können auch hier – wie bereits in der Einleitung des Kapitels „Moderations-Basics" beschrieben – als kurze Impulsvorträge eingebaut werden.

So können Sie vorgehen

Wenn ausreichend Zeit zur Verfügung steht, können Sie mit den Teilnehmenden einen kompletten Moderationsprozess durchspielen. Hierbei übernehmen verschiedene Teilnehmende für die einzelnen Phasen die Moderation. Der Prozess würde also mit der Begrüßung starten und mit der Abschlussmethode enden. Bei dieser Variante sollten alle Moderatorinnen und Moderatoren (oder auch Moderatorenteams) eine gemeinsame Vorbereitungszeit haben. Es bietet sich dabei an, diesen die Informationen zur individuellen Aufgabenstellung schriftlich auszuhändigen. Vorteil dieses Vorgehens ist, dass weniger Leerlaufzeiten entstehen, als wenn die Vorbereitung der einzelnen Teilnehmenden nacheinander erfolgt.

Zur Aufgabenvorstellung

Zum Start der jeweiligen Methode stellt sich eine Führungskraft für die Moderation zur Verfügung. Je nach zeitlichen Ressourcen und dem individuellen Know-how gibt es mehrere Möglichkeiten, vorzugehen:

1. Nachdem die Aufgabenstellung durch die Trainerin bzw. den Trainer erklärt wurde, bereitet die Moderatorin bzw. der Moderator die Moderation alleine vor.
2. Die Moderatorin bzw. der Moderator erhält neben dem Aufgaben-Flipchart ein Handout mit einer konkret vorgegebenen Moderationsdramaturgie.
3. Die Gruppe erarbeitet den Moderationsprozess gemeinsam. Die Trainerin bzw. der Trainer hat hier eine beratende Funktion und visualisiert simultan die Schritte, z.B. auf einem Flipchart, mit. Im Anschluss wird eine Moderatorin oder ein Moderator ausgewählt.

Um zu gewährleisten, dass alle Teilnehmenden möglichst viele Methoden kennenlernen, kann die Trainerin bzw. der Trainer konkrete Vorgaben bei der Umsetzung machen, sodass durch jedes neue Tool ein neuer Moderationsaspekt in den Fokus gebracht wird.

Zum Moderationskontext

Falls es sich um eine innerbetriebliche Schulung handelt, ist es dienlich, einen außerbetrieblichen Kontext zu wählen, der in der Bearbeitung einen Fokus auf die moderativen Aspekte ermöglicht und keine „Unternehmensthemen" in den Vordergrund holt. Das raubt Aufmerksamkeit und Energie. Hier bietet es sich an, die Übung z.B. aus der Perspektive eines allen bekannten Unternehmens durchzuführen (z.B. eine Fastfood-Kette oder ein Möbelhaus) oder Erlebnisse aufzugreifen, die mit dem aktuellen Workshop in Verbindung stehen. Das kann z.B. die Ausstattung des Tagungshotels oder des Workshop-Raums sein, das Frühstücksbuffet etc. Durch dieses Vorgehen ist es leichter, die Konzentration auf die Erweiterung des Moderations-Know-hows zu lenken, damit sich die Teilnehmenden nicht in betrieblichen Themen verlieren.

Reflexionen

Nach jeder Übung folgt eine Reflexionsphase. Die Moderatorin bzw. der Moderator bekommt im ersten Schritt die Gelegenheit zu berichten, wie es ihr oder ihm während der Moderation ergangen ist. Dann folgt das Feedback der Gruppe und last but not least das der Trainerin bzw. des Trainers. Zuletzt erfolgt ein Austausch über die Methode und deren Anwendungsmöglichkeiten, über methodische Alternativen etc.

Zeiten

Der Fokus der Übungen liegt auf dem Anwenden, Trainieren und Reflektieren von Moderationstechniken. Aus diesem Grund ist es wichtig, dass die Zeit, in denen Kreativgespräche, Kleingruppenarbeiten etc. stattfinden, so kurz wie möglich gehalten wird. Deshalb sind die Interaktionszeiten in diesem Kapitel relativ kurz angegeben. Beachten Sie daher Folgendes: Sollten Sie die Methoden unabhängig vom Themenfeld Moderation einsetzen, brauchen Sie deutlich mehr Zeit für die „Erarbeitungsphasen".

Tipps

- Wenn das Thema Moderation für die Teilnehmenden absolut neu ist, können die Moderationen immer auch in Zweierteams durchgeführt werden. Diese Variante bietet dem Einzelnen mehr Sicherheit. Da sich das Moderationsteam im Vorfeld abstimmen muss, braucht es allerdings etwas mehr Zeit in der Vorbereitungsphase.
- Ist die Übung komplexer, können Sie diese während der Auftragsübergabe an die Führungskraft visuell darstellen. Hierdurch steigt die Verständlichkeit beträchtlich.

Index – Moderation live

In welcher Stimmung
sind Sie heute hier?

Stimmungsbilder

Kurzbeschreibung

Eine Führungskraft moderiert die Entwicklung eines Stimmungsbildes zum Einstieg.

Aufbau

Die Führungskraft erhält die Aufgabe, ein Stimmungsbild mit der Gruppe zu erarbeiten. Hierzu rekonstruieren die Teilnehmenden ihre Stimmung zum Zeitpunkt des Workshop-Starts. Die Moderatorin bzw. der Moderator teilt zum Start einen Klebepunkt pro Person aus. Dann erhalten die Teilnehmenden den Auftrag, ihren Klebepunkt entlang der Skala so zu platzieren, dass die aktuelle Stimmung transparent wird. Nach dem gemeinsamen Blick auf die Skala erfolgt eine Runde, in der jeder etwas zu seiner Bewertung sagt. Die Leitung visualisiert Stichpunkte aus den Beiträgen auf dem Flipchart mit. Zum Schluss erfolgt ein Feedback für die Moderatorin oder den Moderator.

Intro

„Frau Müller, Ihre Aufgabe ist es nun, mit Ihrem Team ein Stimmungsbild zu erarbeiten. Hierzu rekonstruieren Ihre Teilnehmerinnen und Teilnehmer ihre Stimmung von heute morgen. Als Erstes verteilen Sie bitte an alle Teilnehmenden je einen Klebepunkt. Dann moderieren Sie die Übung an. Es geht darum, dass jeder Einzelne seinen Klebepunkt auf dieser Skala so platziert, dass dies die individuelle aktuelle Stimmung widerspiegelt. Nachdem das geschehen ist, machen Sie bitte eine kleine Abfrage, in der jedes Teammitglied ein Statement zu der Bepunktung abgibt. Dabei können Sie wichtige Stichpunkte mitvisualisieren. Am Ende wertschätzen Sie das Ergebnis, stellen gegebenenfalls Fragen und filtern heraus, was für den weiteren Prozess wichtig ist. Alles klar so weit?"

Hintergründe

Die Teilnehmenden lernen die Möglichkeit der Bepunktung und den Wert der Simultanvisualisierung kennen. Diese dient dazu, ein schnelles Gruppenbild in unterschiedlichsten Kontexten zu entwickeln. Die Teilnehmenden kommen durch die Übung in Bewegung, finden einen Einstieg in den Prozess und es wird schnell transparent, ob noch weitere aktuelle Anliegen und Wünsche vorhanden sind.

Tipp

Sammeln Sie mit den Teilnehmenden am Ende der Übung andere Beispiele aus ihrer Praxis, bei denen eine Bepunktung ein gutes Mittel ist, um sich ein schnelles Meinungsbild zu verschaffen.

Material

Klebepunkte

THE BIG POINTS
Erarbeiten Sie in Kleingruppen
die für Sie wichtigsten Punkte,
die es zu lösen gilt.

The Big Points

Kurzbeschreibung

Die Führungskraft moderiert einen Prozess, bei dem es darum geht, gemeinsam die wichtigsten Verbesserungspunkte in einem festgelegten Kontext zu erarbeiten und zu priorisieren.

Aufbau

Die Führungskraft übernimmt die Rolle der Moderatorin bzw. des Moderators und erhält die Aufgabe, mit dem Team Verbesserungspotenziale und Lösungen in Bezug auf ein vorgegebenes Thema zu erarbeiten. Ein Thema, was sich hier anbietet, sind die bisherigen Erfahrungen der Gruppe mit dem Tagungshotel, wie Räumlichkeiten, Service etc. Die Führungskraft soll in Kleingruppen und mit Moderationskarten arbeiten. Am Ende erhält sie Feedback zu ihrer Moderation.

Intro

„In Ihrer Moderation steht unser Tagungshotel im Vordergrund. Es geht nun darum, die aus Gruppensicht wichtigsten Punkte, die es hier im Haus zu verändern gilt, herauszuarbeiten und zu priorisieren. Wir sind ja bereits zwei Tage hier. Dementsprechend finden sich sicherlich genug Ideen. Für die Durchführung bekommen Sie zwei Vorgaben. Bauen Sie bei Ihrer Moderation bitte Kleingruppenarbeit und Moderationskarten mit ein. Haben Sie eine erste Idee oder möchten Sie, dass wir gemeinsam eine entwickeln?" Die Führungskraft hat eine Idee. *„Perfekt! Reichen Ihnen 10 Minuten Vorbereitung?"*

Hintergründe

Eine einfache, aber wirksame Moderationsmethode, mit der geübt wird, Themen zu sammeln und diese zu priorisieren. Optimalerweise schickt die Moderatorin bzw. der Moderator die Teilnehmenden zuerst in Kleingruppen, in der die erarbeiteten Aspekte auf Moderationskarten geschrieben werden. Im Danach sollte die Gesamtgruppe wieder zusammenfinden und jede Kleingruppe ihre Punkte vortragen. Im Anschluss kann die Moderatorin bzw. der Moderator die Moderationskarten mit den genannten Punkten clustern. Zum Abschluss kann z.B. mit Klebepunkten priorisiert werden.

Tipp

Ein Punkt, der von den meisten Moderatorinnen und Moderatoren vergessen wird: Die präsentierenden Teilnehmenden können gebeten werden, das Clustern direkt beim Anpinnen zu bedenken. Das spart Zeit.

Material

Moderationskarten, Marker, Pinnwände

TURN AROUND
Was müssen wir
• im Vorfeld
• während der Durchführung
• bei der Nachbereitung
unserer Meetings tun,
damit sie zu keinem Ergebnis führen?
Flipchartrotation

Turn around

Eine Führungskraft entwickelt als Moderatorin oder Moderator mit dem Team Ideen für einen Meeting-Leitfaden. Hierbei wird eine Negation für ein Brainstorming in Kleingruppen genutzt. *Kurzbeschreibung*

Im Vorfeld fertigt die Trainerin bzw. der Trainer drei Flipcharts an. Das erste trägt den Titel „Vorfeld“, das zweite „Durchführung“ und das dritte „Nachbereitung“. Die Flipcharts werden mit größtmöglichem Abstand im Raum (z.B. in den Ecken des Raums) aufgestellt. Die Führungskraft erhält die Aufgabe, den ersten Schritt zur Entwicklung eines firmeninternen Meeting-Leitfadens zu moderieren. Die Ideen werden generiert, indem die Teilnehmenden in Kleingruppen im Vier-Minuten-Takt die drei Flipcharts im Rotationsverfahren bearbeiten. Die Grundfragestellung (siehe Flipchart) basiert auf einer Negation: Wie muss man vorgehen, damit kein Ergebnis erzielt wird? Im Anschluss bekommt die Moderatorin bzw. der Moderator Feedback. Zuletzt werden in der Gesamtgruppe die Möglichkeiten besprochen, wie mit den Ergebnissen weitergearbeitet werden könnte. *Aufbau*

„Ihre Aufgabe ist es nun, den Auftakt-Workshop zur Entwicklung eines firmeninternen Meeting-Leitfadens zu moderieren. Hierfür nutzen Sie eine Methodik, bei der es darum geht, auf Basis des gegenteiligen Ziels Ideen zu generieren. Das fällt Menschen in der Regel leichter. In Ihrem Fall lautet die Frage also nicht ‚Wie schaffen wir es, effektive Meetings durchzuführen?‘, sondern ‚Was müssen wir im Vorfeld, während der Durchführung und bei der Nachbereitung unserer Meetings tun, damit sie zu keinem Ergebnis führen?‘ Ich habe Ihnen drei Flipcharts vorbereitet. Auf jedem ist eine dieser Meeting-Phasen aufgeführt. Teilen Sie Ihr Team nun in drei Kleingruppen ein, die nacheinander im Rotationsverfahren die einzelnen Flipcharts bearbeiten. An jedem Flipchart stehen vier Minuten Zeit zur Verfügung. Haben Sie Fragen? Brauchen Sie noch Zeit zur Vorbereitung?“ *Intro*

In vielen Fällen ist es für Teilnehmende leichter, Stolpersteine oder Probleme zu erfassen, als direkt Lösungen zu erarbeiten. Diese Methode arbeitet daher mit einer Umkehrung des klassischen Brainstormings. Genutzt wird ein Rotationsprinzip, sodass die Kleingruppenergebnisse aufeinander aufbauen und sich nicht doppeln. *Hintergründe*

Im nächsten Schritt werden die gesammelten Ideen wieder ins Gegenteil verkehrt und für die Entwicklung eines Meeting-Leitfadens genutzt.

Turn Around
Was müssen wir
• im Vorfeld
• während der Durchführung
• bei der Nachbereitung
unserer Meetings tun,
damit sie zu keinem Ergebnis führen?

Falls keine drei Flipchart-Ständer zur Verfügung stehen, hängen Sie die Flipcharts mit Malerkrepp an die Wand. Wenn Sie sichergehen wollen, dass die Farbe der Stifte nicht durchfärbt, nehmen Sie das Papier doppelt. *Tipp*

Marker, 3 Flipcharts mit den Titeln „Vorfeld", „Durchführung" und „Nachbereitung" vorbereiten, evtl. Malerkrepp *Material*

Themenspirale
• Einigen Sie sich bitte in jeder Runde auf maximal 3 Themen.
• Jede Runde dauert 12 Minuten.

Themenspirale

Kurzbeschreibung

Die Führungskraft erarbeitet mit den Mitarbeitenden die wichtigsten aktuellen Führungsthemen.

Aufbau

Die Führungskraft teilt die Teilnehmenden in Vierergruppen ein. Diese einigen sich auf ihre drei schwierigsten Führungsthemen. Im nächsten Schritt werden, abhängig von der Gruppengröße, zwei Kleingruppen zusammengelegt, die erneut den Auftrag erhalten, sich auf drei Themen zu einigen. Zuletzt werden alle Gruppen ins Plenum geholt und gemeinsam die drei wichtigsten Anliegen festgelegt. Jede Diskussionsrunde dauert rund 12 Minuten. Die moderierende Führungskraft schreibt die Themen in der letzten Runde auf einem Flipchart mit. Zum Schluss erhält die Führungskraft Feedback.

Intro

„Frau Schubert, Sie bekommen nun die Aufgabe, eine Themenspirale durchzuführen. Bitte erarbeiten Sie mit der Gruppe die drei schwierigsten Führungssituationen, für die dann im weiteren Verlauf Lösungsideen gesammelt werden sollen. Hierfür gehen Sie folgendermaßen vor: Insgesamt besteht das Team aus 18 Personen. Sie bilden gleich sechs Kleingruppen. Diese bekommen den Auftrag, sich jeweils auf die drei für sie schwierigsten Führungsthemen zu einigen. Danach gehen zwei Gruppen zusammen und einigen sich wieder auf ihre drei wichtigsten Themen. Zuletzt werden wir dann in der Großgruppe die drei Sachverhalte erarbeiten, die weiter thematisiert werden und die dann mit Ihrer Unterstützung priorisiert werden. Wichtig ist es, den Teams mit auf den Weg zu geben, dass es zunächst einmal um die Auswahl der Themen geht. Sie sollen sich daher nicht zu sehr inhaltlich in diesen verlieren. Eine Runde dauert 12 Minuten. Haben Sie Fragen? … Perfekt, los geht's!“

Hintergründe

Die „Themenspirale“ bietet sich an, wenn viele Arbeitsthemen im Raum sind und Prioritäten gesetzt werden müssen. Durch den Fokussierungsprozess werden die für die Gruppe entscheidenden Anliegen herausgefiltert. Gleichzeitig bekommt jede bzw. jeder die Gelegenheit, die eigenen wichtigen Themen zur Sprache zu bringen.

Tipp

Die Themen, die es nicht unter die Top drei geschafft haben, sollten nicht verlorengehen und separat notiert werden.

Material

Eventuell Klemmbrett und Stift für jeden Teilnehmenden

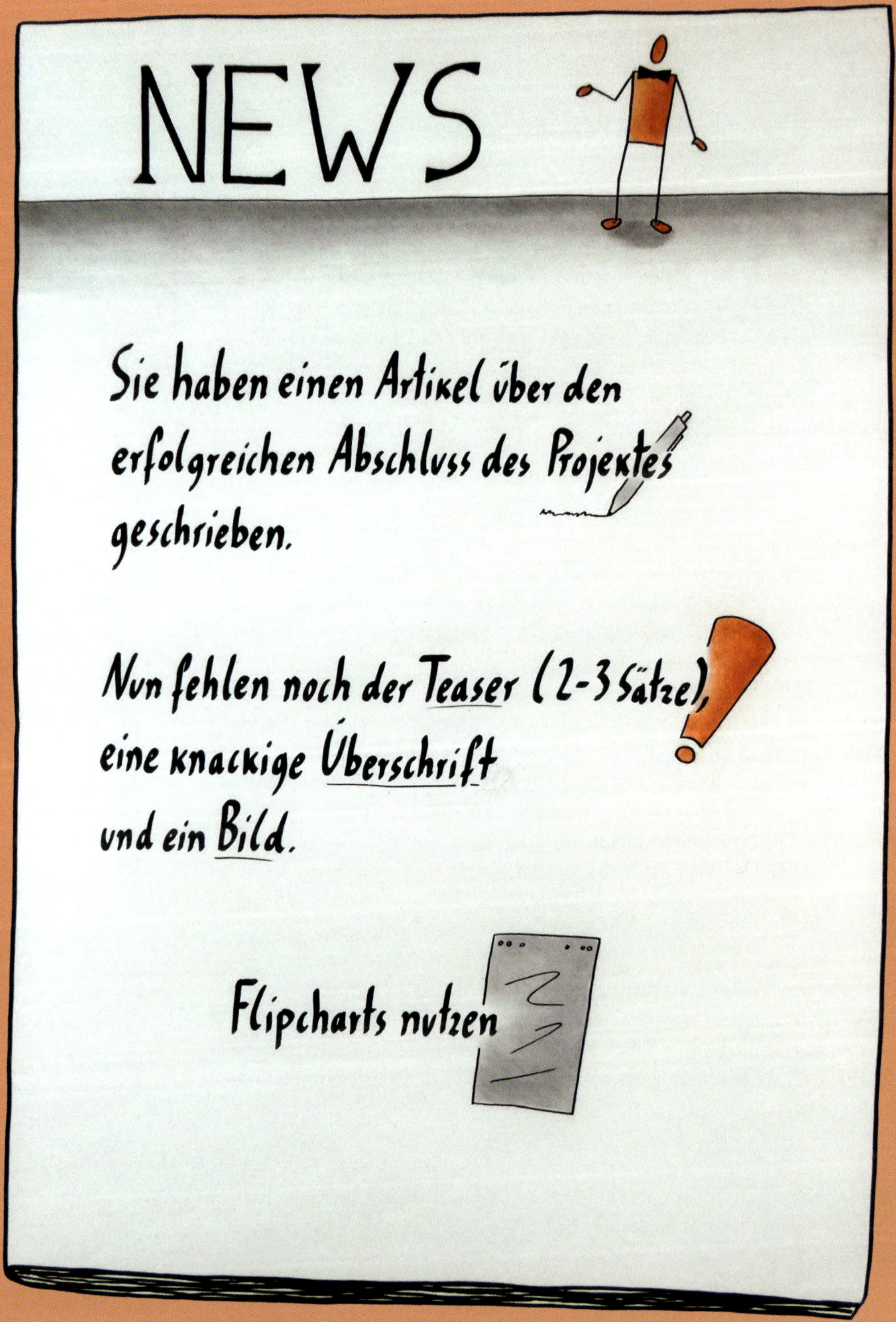
NEWS
Sie haben einen Artikel über den erfolgreichen Abschluss des Projektes geschrieben.
Nun fehlen noch der Teaser (2-3 Sätze), eine knackige Überschrift und ein Bild.
Flipcharts nutzen

News

Die Führungskraft moderiert einen Zielfindungsprozess, der über die Entwicklung eines Teasers, einer Überschrift und eines Bildes für einen Zeitungsartikel initiiert wird. *Kurzbeschreibung*

Die Führungskraft erarbeitet gemeinsam mit dem Team ein Zielbild für ein gemeinsames Projekt (z.B. eine neue Kantine für das jeweilige Unternehmen). Hierfür arbeiten die Teilnehmenden zu zweit zusammen und entwerfen auf einem Flipchart einen Teaser, eine Überschrift und ein passendes Bild. Aus den Ergebnissen wird ein Gesamtbild entwickelt. Am Ende erhält die Führungskraft Feedback zu ihrer Moderation. *Aufbau*

„In unserer nun folgenden Moderation geht es um die Entwicklung eines Zielbildes für eine unternehmenseigene Kantine. Ihre Geschäftsführung beauftragt Sie, eine erste Idee zu entwickeln. Wer möchte sich dieser Herausforderung stellen? … Super, vielen Dank Frau Schmidt. Dann machen alle anderen 10 Minuten Pause und wir beide besprechen die Moderation." Die Trainerin bzw. der Trainer bespricht sich im Folgenden allein mit der Moderatorin. *Intro*

„Ihre Aufgabe ist es nun, gemeinsam mit Ihrem Team ein erstes Zielbild für eine Kantine in Ihrem Unternehmen zu entwickeln. Es wurde bereits ein Zeitungsartikel über die neue Kantine geschrieben. Jetzt, und da kommt Ihr Team ins Spiel, fehlen noch der Teaser, eine knackige Überschrift und eine Skizze, wie die Kantine einmal aussehen könnte. Teilen Sie Ihre Mannschaft bitte in Zweierteams ein und lassen Sie diese mit einem Flipchart kreativ werden. Es stehen 10 Minuten Zeit zur Verfügung. Dann präsentieren die Teams ihre Ideen und Sie erarbeiten aus den Ergebnissen ein gemeinsames Bild. Passt das für Sie? … Haben Sie schon eine Idee, wie Sie die Ergebnisse zusammenbringen? …"

Diese Methode bringt den Kern eines Projekts auf den Punkt. Die Teilnehmenden entwickeln zu zweit eine erste Idee, um anschließend zu einem gemeinsamen Zielbild zu kommen. Das Entwerfen von Bildern bringt noch mehr Kreativität und Spaß in den Prozess. *Hintergründe*

Falls Sie den Kreativitätsfaktor der Gruppe nicht so hoch einschätzen, machen Sie die Kleingruppen größer. *Tipp*

Der Veränderungs-Check
15 Minuten Austausch
• zu zweit
• Notizen
Blitzlicht
• simultanvisualisieren
Priorisierung
• jeder 3 Punkte

Der Veränderungs-Check

Kurzbeschreibung

Die Teilnehmenden erleben und erproben ein Moderationstool, das sie nutzen können, um Veränderungen im Unternehmen zu reflektieren und Entwicklungsbedarfe zu identifizieren.

Aufbau

In der Vorbereitung wird das Tool (siehe Flipchart) von der Trainerin bzw. dem Trainer vorgestellt. Nachdem sich ein Gruppenmitglied zur Moderation bereit erklärt hat, einigt sich die Gruppe auf ein Beispielunternehmen, das jedem geläufig ist und als Thema für die Übung genutzt wird.

Die Moderatorin bzw. der Moderator leitet das Team an, sich über 15 Minuten zu zweit über Veränderungen zu unterhalten, die sich in dem Beispielunternehmen ergeben haben. Da der Schwerpunkt auf der praktischen Übung von Moderation liegt, sollte diese Phase möglichst kurzgehalten werden. Im Anschluss wird ein Blitzlicht durchgeführt, in dem die Stichpunkte eines jeden Paares von der Moderatorin bzw. dem Moderator untereinander in der linken Spalte (siehe Flipchart nächste Seite) notiert werden. Danach finden eine Bepunktung sowie eine Priorisierung statt. Dabei geht die Moderatorin bzw. der Moderator die Liste durch und erfragt bei jedem Punkt, wer dafür stimmt. Jeder Teilnehmende hat insgesamt drei Stimmen. Wenn alle Punkte „abgearbeitet" sind, notiert die Moderation das abschließende Ranking auf dem Flipchart. Zuletzt bekommt die Moderatorin bzw. der Moderator Feedback.

Intro

„Die Welt ist im stetigen Wandel. Sie als Führungskraft sollten gemeinsam mit Ihrem Team immer wieder auf notwendige Anpassungen schauen. Eine hilfreiche Methode ist hierbei der Veränderungs-Check, den wir nun dafür nutzen wollen, dass sich jemand in der Moderation übt. Im ersten Schritt erkläre ich Ihnen aber erst einmal das Vorgehen.

Sie starten damit, dass Sie die Teilnehmenden bitten, sich zu zweit darüber zu unterhalten, welche Veränderungen sich im Betrieb, bei Lieferanten, bei Wettbewerbern, bei Produktanforderungen etc. in den vergangenen zwölf Monaten aus ihrer Sicht ergeben haben. Die Teilnehmenden können sich gerne Notizen machen. Wir planen hierfür 15 Minuten Zeit ein. Wenn Sie als Moderatorin bzw. Moderator das Gefühl haben, dass genug Ideen zusammengekommen sind, können wir diese Phase aber auch früher beenden. Danach führen Sie ein Blitzlicht durch und notieren die angesprochenen Punkte auf einem Flipchart. Das habe ich hier schon für Sie vorbereitet (siehe nächste Seite). *Dann folgt eine Abstimmung, bei der jeder Teilnehmende drei Stimmen hat. Sie nennen nacheinander jeden Punkt, zählen die Meldungen und haben dann eine Priorisierung mit der*

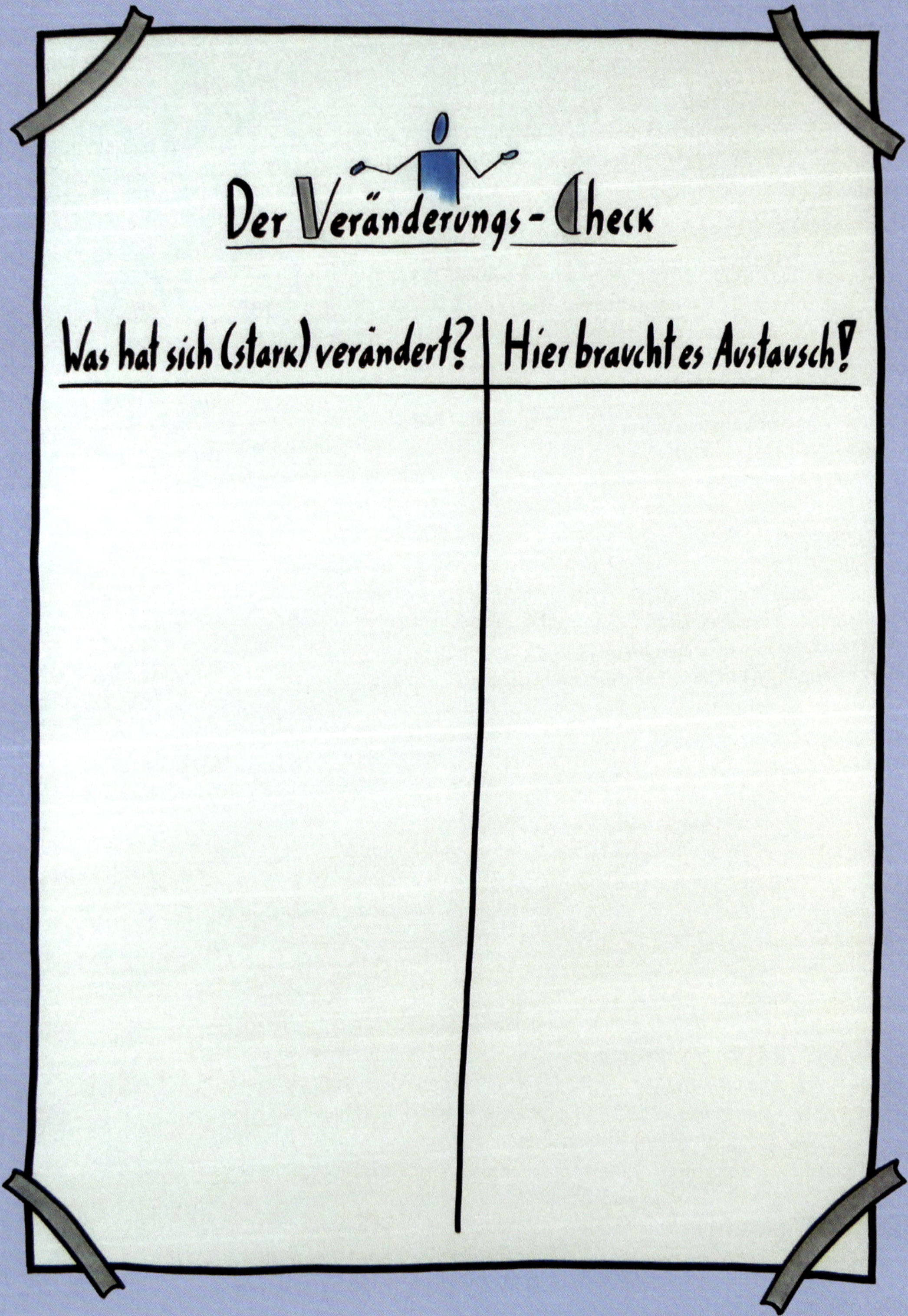
Der Veränderungs-Check
Was hat sich (stark) verändert?
Hier braucht es Austausch!

Sie weiterarbeiten können. Falls es sehr viele Punkte sind, bekommt jeder einen Marker und kann seine drei Themen markieren. So viel zum Ablauf. Wer möchte sich in der Moderation ausprobieren? ... Ja, gerne Frau Müller. Dann starten wir, indem wir uns auf ein Beispielunternehmen einigen, und dann bekommen Sie noch Zeit zur Vorbereitung oder Sie legen direkt los!"

Hintergründe

Mit dem Veränderungs-Check können Führungskräfte gemeinsam mit ihren Mitarbeitenden sehr gezielt auf Veränderungen innerhalb der Organisation und im Arbeitsalltag der Mitarbeitenden eingehen. Wenn dieses Tool innerbetrieblich vermittelt wird, sollte, wie auch oben beschrieben, die Methode auf der Basis eines Beispielunternehmens erläutert bzw. geübt werden.

Tipps

- Besprechen Sie mit den Führungskräften nach dem Ausprobieren mögliche Anpassungen, z.B. den Einsatz von Moderationskarten etc.
- Die Liste der gesammelten Aspekte kann auch bei kleinen Gruppen sehr umfangreich werden. Es ist daher sinnvoll, mehrere Flipcharts oder eine Pinnwand vorzubereiten.
- Geben Sie der Moderatorin bzw. dem Moderator den Tipp, dass während des Sammelns noch nicht über die Themen diskutiert werden sollte.

Material

Klemmbretter, Block und Stift für jeden Teilnehmenden

Quelle: Angelehnt an die Methode „Veränderungsprozesse" von T. Seibel, K. E. Rickert (2019): Teamdynamik entwickeln, begleiten, gestalten. managerSeminare, Bonn.

Unternehmen des Jahres
1. Wer sind Sie im Jahr ...?
2. Warum wurde Ihr Unternehmen gewählt?
Was zeichnet Sie aus? Was können Sie besonders gut?
3. Was sind Ihre Kernfähigkeiten / -produkte
4. Welche Kundinnen und Kunden haben Sie?
Wie nehmen diese Sie wahr?
5. Was haben Sie in den letzten Jahren für Ihren
Erfolg getan?
Bild und Text

Unternehmen des Jahres

Kurzbeschreibung

Ausgehend von einem „Unternehmen des Jahres"-Szenario entwickelt die Führungskraft mit ihrem Team Zukunftsbilder.

Aufbau

Zuerst einigen sich die Teilnehmenden auf ein Unternehmen, das alle kennen und auf dessen Grundlage ein Zukunftsbild entworfen werden kann. Nachdem sich eine Führungskraft gefunden hat, die die Aufgabe der Moderation übernimmt, bekommt sie die Aufgabe, dass Team sieben Jahre in die Zukunft zu versetzen. Dort wurde das Unternehmen zum Unternehmen des Jahres gekürt. Es gilt nun, die Rede für die Preisverleihung vorzubereiten. Hierzu bekommt jedes Teammitglied ein Flipchart und entwickelt über zehn Minuten ein Bild mit passender Beschriftung. Die Fragen (siehe Flipchart links) geben eine Hilfestellung bezüglich der Inhalte. Die Ergebnisse werden nach der Präsentation von der Moderatorin oder dem Moderator zusammengeführt. Zuletzt erhält die Führungskraft Feedback zu ihrer Moderationsarbeit.

Intro

„Herr Appel, Ihre Aufgabe ist es, mit dem Team Zukunftsbilder für das ausgesuchte Unternehmen ‚…' zu entwickeln und diese dann zusammenzuführen. Dafür arbeiten Sie mit folgendem Szenario: Sie reisen zehn Jahre in die Zukunft und werden dort zum Unternehmen des Jahres gekürt. Nun geht es darum, bei der Preisverleihung eine Rede zu halten. Jedes Teammitglied bekommt die Aufgabe, diese Rede auf Basis dieser Fragen (siehe Flipchart links) *vorzubereiten. Hierfür bekommt jede bzw. jeder ein Flipchart und fertigt ein Bild mit Stichworten an. Für unseren Moderationskontext reicht hierfür ein Rahmen von zehn Minuten aus. Dann folgt eine kurze Präsentation. Sie würden dann am Ende die Ideen auf einem weiteren Flipchart zusammenführen und einen ersten Entwurf des Zukunftsbildes entwickeln. Passt das für Sie? …"*

Hintergründe

Nach dem Feedback für die Moderatorin bzw. den Moderator können Sie anhand der Ergebnisse überlegen, wie der Moderationsprozess nun weitergehen würde. Meist geht es hier zunächst um Gemeinsamkeiten und Unterschiede und/oder das Herausfiltern von Ideen und Ansätzen zur Weiterentwicklung.

Tipp

Wenn die Gruppe aus mehr als fünf Teilnehmenden besteht, entwickeln diese besser zu dritt ein Zukunftsbild. Sonst ist die Präsentationsphase zu lang.

Material

Flipcharts, Marker, evtl. Wachsmal- oder Pastellkreide

Less
Stop
More
Start
Keep
Starship-Retro

Starship-Retro

Kurzbeschreibung

Die Führungskraft erarbeitet mit ihrem Team eine Sammlung von Themen, die zu einer Verbesserung des ausgewählten Unternehmens beitragen.

Aufbau

Zu Beginn einigt sich die Gruppe auf ein Beispielunternehmen, das als Grundlage für die Übung genutzt wird. Dann bekommt die moderierende Führungskraft ihre Instruktionen. Der Schwerpunkt der Aufgabe liegt darin, mit dem Team Entwicklungspotenziale zu identifizieren. Hierfür erhalten die Teilnehmenden Post-its, sammeln über sieben Minuten ihre Ideen und ordnen diese den Kategorien auf dem Flipchart zu.

Die Kategorien (siehe Flipchart links) beinhalten folgende Fragestellungen:

- **Start** – Womit sollten wir neu beginnen, was sollten wir ausprobieren?
- **Keep** – Was sollten wir beibehalten, was hat sich als nützlich erwiesen?
- **More** – Wovon brauchen wir mehr, wo sollten wir nachlegen?
- **Less** – Was sollte verringert werden, was sollte weniger verfolgt werden?
- **Stop** – Womit sollten wir aufhören, was ist nicht dienlich?

Im nächsten Schritt schauen sich alle Teilnehmenden die Post-its an, stellen gegebenenfalls Verständnisfragen und bewerten das Gesamtbild. Danach werden die Themen im Dialog herausgefiltert, auf die man sich mit Blick auf die Weiterentwicklung des Unternehmens fokussieren sollte. Diese werden auf dem Flipchart der Priorität nach notiert und stehen zur weiteren Bearbeitung bereit. Danach schließt sich die Feedback-Phase für die Moderatorin bzw. den Moderator an. Der Austausch über Möglichkeiten, wie der weitere Prozess gestaltet werden kann (z.B. Gruppenarbeiten), wird in diese Abschlusssequenz implementiert.

Intro

„In Ihrer Moderation, Frau Schmidt, liegt der Schwerpunkt auf der Erarbeitung von Entwicklungsmöglichkeiten für unser Beispielunternehmen ... Sie sehen hier Ihr Flipchart. Im ersten Schritt schreibt jeder Teilnehmende seine Ideen auf Post-its. Die Post-its werden anschließend in das Raster ‚Start', ‚Keep', ‚More', ‚Less' und ‚Stop' eingeordnet und aufgeklebt." Die Trainerin bzw. der Trainer stellt das Raster vor (siehe Flipchart). *„Ich habe für alle Teilnehmenden ein Handout mit dafür hilfreichen Zusatzfragen vorbereitet. Wenn jeder seine Post-its angebracht hat, können sich alle Anwesenden diese anschauen und eventuell Rückfragen stellen. Dann geht es darum, aus der Sammlung die Themen herauszuholen, die weiterbearbeitet werden sollen. Hierfür wird aus dem Dialog heraus das*

Fokus-Themen
Starship-Retro

Flipchart mit den Fokus-Themen gefüllt (siehe Flipchart links). *An dieser Stelle stoppen wir dann und kommen zu Ihrem Feedback. Im Anschluss besprechen wir dann gemeinsam, wie der Prozess weitergehen könnte. Passt das für Sie? Wie lange brauchen Sie für die Vorbereitung?"*

Hintergründe

Starship-Retro ist eine vielseitige Moderationsmethode. Sie funktioniert sowohl auf Unternehmens- als auch auf der Team- und Individualebene. Ebenso kann die Zusammenarbeit zwischen Systemelementen sehr gut reflektiert werde. Die verwendeten Post-its sind im Rahmen des agilen Managements allgegenwärtig und gehören wegen ihrer einfachen Handhabung, der kommunikationsfördernden Wirkung und der Flexibilität in jedes Moderationsrepertoire.

Tipps

- Verwenden Sie bei über fünf Teilnehmenden eine Pinnwand. So haben Sie ausreichend Platz für alle Post-its.
- Nutzen Sie je nach Gruppe deutsche Begriffe auf dem Flipchart.
- Halten Sie die Erklärungen für die Begriffe „Stop", „Start", „Keep", „More" und „Less" als Handout bereit oder visualisieren Sie ein zusätzliches Flipchart.

Material

Post-its, Stifte, Handout mit Zusatzfragen (siehe Online-Ressourcen)

Dreiklang-Abschluss
Mein AHA-Erlebnis
Mein Dank gilt ...
Ich wünsche mir für das nächste Mal ...

Dreiklang-Abschluss

Kurzbeschreibung

Eine Abschlussübung, die die moderierende Führungskraft auf der Basis von drei Fragestellungen mit dem Team durchführt.

Aufbau

Als Grundlage der Übung dient z.B. eine vorhergehende Moderationsübung. Die Führungskraft erhält die Aufgabe, die Abschlussmethode „Dreiklang" mit ihrem Team durchzuführen. Hier stehen die drei Aspekte

- Mein Aha-Erlebnis ...,
- Mein Dank gilt ... und
- Ich wünsche mir für das nächste Mal ...

im Vordergrund. Die Führungskraft leitet die Abschlussrunde ein, notiert wesentliche Aussagen und rundet die Veranstaltung ab. Zuletzt bekommt die Führungskraft Feedback zu ihrer Moderation.

Intro

„Liebe Frau Maier, Sie moderieren nun die Abschlussrunde. Wir erfinden hierfür kein neues Szenario, sondern beziehen uns auf die zuletzt erlebte Moderationsmethode ‚Starship-Retro'. Wir gehen davon aus, dass der Workshop nun zu Ende ist. Der Blick der Abschlussrunde soll auf folgende drei Punkte gelenkt werden: 1. Mein Aha-Erlebnis, 2. Mein Dank gilt ... und 3. Ich wünsche mir für das nächste Mal ... Diese Aspekte gehen Sie bitte mit Ihrem Team durch. Notieren Sie dabei alle wichtigen Rückmeldungen, z.B. auf einem Klemmbrett, am Flipchart oder auf Moderationskarten. Zuletzt erfolgen Ihre Abschlussworte, mit denen Sie Ihre Veranstaltung beenden. Haben Sie Fragen?"

Hintergründe

Der Dreiklang-Abschluss verbindet die Ebenen Erkenntnisse, Beziehungen und Ausblicke miteinander. Hierdurch werden wesentliche Bereiche auf den Punkt gebracht und die Veranstaltung wird stimmig abgerundet. In der Reflexion und dem Feedback zur Moderation kann ein Schwerpunkt darin liegen, was die Moderatorin oder der Moderator in welcher Form mitgeschrieben hat. Gleichzeitig kann der Stellenwert der letzten Worte und dessen Inhalt thematisiert werden.

Tipp

Sie können der Moderatorin bzw. dem Moderator vorschlagen, vor der Abschlussrunde Zweiergespräche im Rahmen der Fragestellungen zu initiieren. Damit wird die Aufgabe etwas vielseitiger.

Material

Klemmbretter, Moderationskarten, Stifte

Life-Balance beachten

In diesem Kapitel steht die Life-Balance im Mittelpunkt. Es beschreibt verschiedenste Methoden, die die Wahrnehmung schärfen, Denkmodelle vermitteln und konkrete Handlungsschritte aufzeigen.

Zu Beginn einer Life-Balance-Sequenz bietet es sich an, den Teilnehmenden die Gelegenheit zu geben, den eigenen Standort zu eruieren. Hierfür eignen sich die Methoden „Meine Baustellen" und „Der Palast der Zufriedenheit", die zudem das Thema „Ich-Zeit" zur Sprache bringen, was besonders oft eine entscheidende Rolle in der Life-Balance von Führungskräften spielt. Die Methode „Der perfekte Tag" eröffnet die Chance, sich seiner Bedürfnisse bewusst zu werden und Ideen zu sammeln, was die individuelle Life-Balance bereichern würde. Hier kommen oft einfach umzusetzende Vorschläge zum Vorschein, die bei einer Integration in den Alltag dennoch eine große Wirkung entfalten können.

Mit der Methode „Dem Stress auf der Spur" erleben die Führungskräfte anhand konkreter Beispiele, wie sinnhaft und gewinnbringend der Austausch über Stressfaktoren ist. Gleichzeitig unterstützt der Dialog über Stressoren deren Überwindung und fördert Entwicklungsmöglichkeiten. Danach stehen Bewältigungsstrategien im Fokus. Diese werden präsentiert und in Kleingruppen vertieft.

Des Weiteren lernen die Teilnehmenden die Wirkung einer atemfokussierten Entspannung kennen und kommen gegebenenfalls auf den Geschmack, diese und weitere Techniken in ihre Alltagsroutinen zu integrieren. Die Methode „Handlungsspielräume" transferiert das Modell „Interessen- und Einflussbereich" nach Stephen R. Covey in den Führungsalltag. Zuletzt sorgt der „Ressourcenpool" dafür, dass sich alle Teilnehmenden eine konkrete Zielsetzung für ihre Life-Balance vornehmen.

Index

soziale Kontakte
Lebensziele, Werte und Sinn
Meine Baustellen
Ich-Zeit
Familie und Partnerschaft
Leistung und Beruf
Gesundheit und körperliche Fitness

Meine Baustellen

Kurzbeschreibung

Auf Basis des „Baustellenmodells" bewerten und reflektieren die Teilnehmenden ihre aktuelle Situation.

Aufbau

Die Trainerin bzw. der Trainer vermittelt den Teilnehmenden das „Baustellenmodell". Im Anschluss reflektieren diese auf einer Skala von eins bis zehn ihre aktuelle Lebenssituation in einer 15-minütigen Einzelarbeit. Zum Abschluss wird die Übung im Plenum abgerundet.

Intro

„Das Entscheidende und ein wichtiger erster Schritt, um etwas für seine eigene Life-Balance tun zu können, ist, überhaupt zu wissen, wo die eigenen Baustellen sind. Dieses Modell hier beinhaltet sechs Kriterien, deren Betrachtung einen guten Überblick über das eigene Leben ermöglichen.

- *Da sind zuerst die **sozialen Kontakte**. Hier geht es um Freunde, die Ihnen Zuwendung bieten und Ihr Leben bereichern.*
- *Dann **Lebensziele, Werte und Sinn**. Im Mittelpunkt dieses Merkmals steht Ihre Selbstverwirklichung, Ihre Ziele im Leben, Ihre Haltung und Werte, die Ihnen Orientierung geben.*
- *Als Nächstes **Familie und Partnerschaft**. Geborgenheit, Nähe und Rückhalt sind hier prägend.*
- *Betrachten wir **Gesundheit und körperliche Fitness**. Wie steht es um Ihre körperliche Leistungsfähigkeit? Tun Sie genug für Ihren Körper? Das umfasst Bewegung, Entspannung und Ernährung. Wie heißt es so schön: Tu Deinem Leib etwas Gutes, damit Deine Seele Lust hat, darin zu wohnen.*
- *Es folgen **Leistung und Beruf**. Bei diesem Aspekt stehen Ihre Karriere, Erfolg und Wohlstand im Mittelpunkt.*
- *Schließlich die **‚Ich-Zeit'**, die die Zeit darstellt, die Sie nur für sich alleine zur Verfügung haben.*

Jeder Punkt spielt gegenwärtig eine mehr oder weniger große Rolle in Ihrem Leben. Was für Sie persönlich wichtig ist und wo Ihre Baustellen sind, können nur Sie selbst beantworten. Deshalb möchte ich Sie jetzt gerne zu einer Reflexion einladen. Hier im Workshop nehmen wir uns 15 Minuten Zeit. Falls Sie merken, dass Sie mehr Zeit benötigen, machen Sie gerne heute Abend oder zu Hause weiter.

Überprüfen Sie zuerst, ob Sie mit den einzelnen Merkmalen, so wie sie sich in Ihrem Leben zeigen, zufrieden sind. Bewerten Sie die Themen auf eine Skala von eins bis zehn. Eins steht für: Hier bin ich überhaupt nicht zufrieden. Und zehn

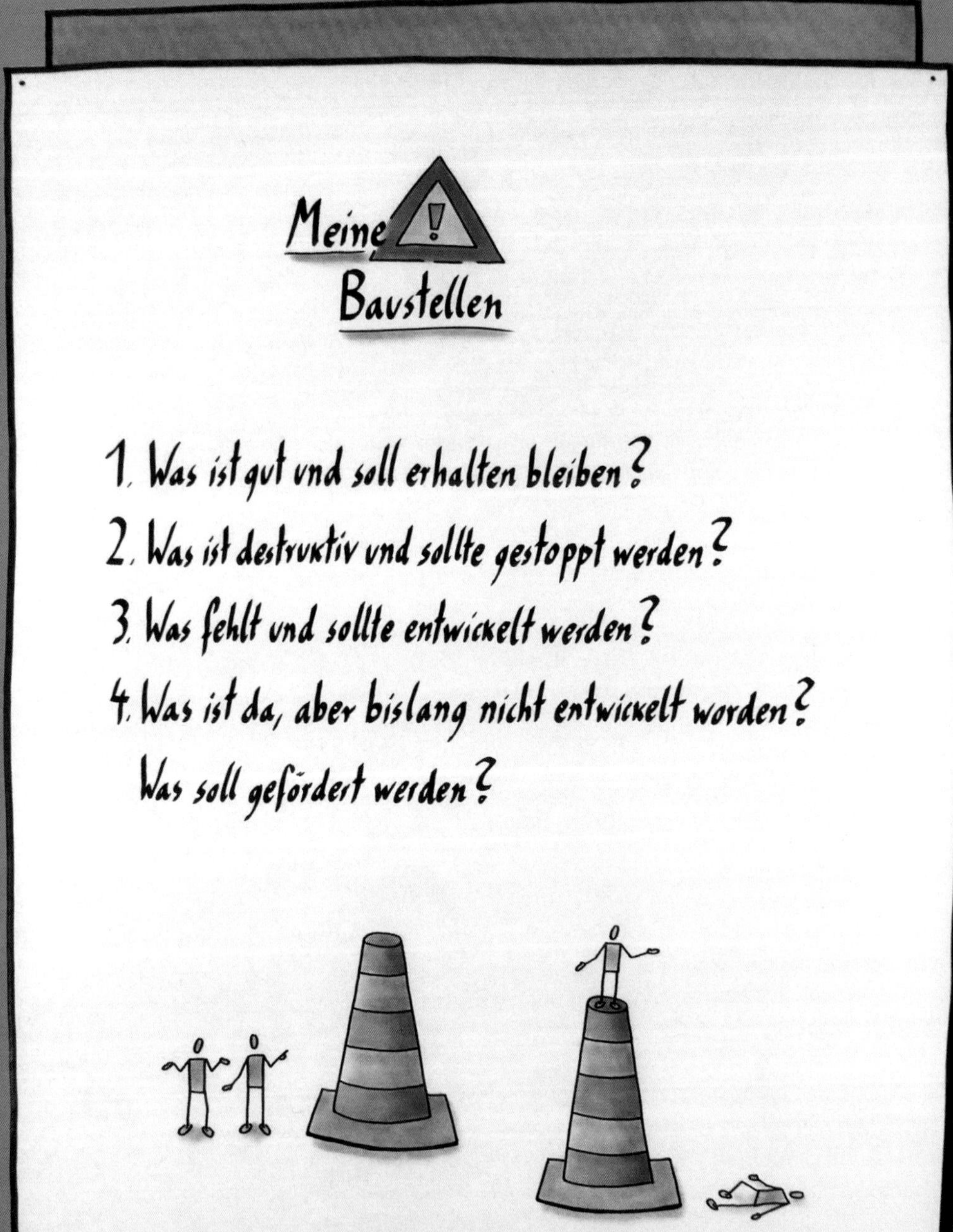
Meine Baustellen
1. Was ist gut und soll erhalten bleiben?
2. Was ist destruktiv und sollte gestoppt werden?
3. Was fehlt und sollte entwickelt werden?
4. Was ist da, aber bislang nicht entwickelt worden?
Was soll gefördert werden?

für: absolut perfekt. Ich rate Ihnen, an Ihrem jeweils ersten Gedanken dranzubleiben, es sind meist die ehrlichsten. Zum Notieren Ihrer Bewertung habe ich hier auf dem Flipchart, das Sie als Kopie bekommen, zu den einzelnen Begriffen jeweils ein Kästchen visualisiert.

Hier auf dem zweiten Flipchart habe ich einige Fragen notiert, die Sie gerne nach Ihrer Bewertung durchgehen und beantworten können. Im Anschluss werden wir Ihre Erfahrungen, Erkenntnisse oder gewonnenen Impulse im Plenum besprechen. Sie entscheiden dann, ob und was Sie mitteilen möchten. Haben Sie Fragen? … Dann suchen Sie sich nun bitte einen Platz hier im Raum oder auch außerhalb, an dem Sie sich wohlfühlen. Wir treffen uns um 13:30 Uhr wieder hier im Workshop-Raum."

Hintergründe

Auf der Basis dieses Modells ist es relativ leicht möglich, die eigene aktuelle Lebenssituation zu hinterfragen und zu reflektieren. Durch die Fragen auf dem zweiten Flipchart, die im Anschluss an die Bewertung aufgegriffen werden können, werden die eigenen Themen vertieft und konkretisiert.

Nicht nur in innerbetrieblichen Kontexten ist die aufgeführte Variante, bei der es freigestellt ist, inwieweit jemand seine Ergebnisse im Plenum vorstellen möchte, am stimmigsten. So kann jeder für sich den passenden Grad an Selbstoffenbarung eigenständig wählen. Bei überbetrieblichen Maßnahmen können Sie nach der Einzelreflexion auch Zweiergruppen oder Kleingruppen zur Vertiefung der Themen in Betracht ziehen.

Tipps

- Wenn die Teilnehmenden im Plenum mit ihren Äußerungen sehr zurückhaltend sind, können die Rückmeldungen anonymisiert werden. Dabei bittet die Trainerin bzw. der Trainer die Teilnehmenden, ihr am höchsten und ihr am niedrigsten bewertetes Merkmal auf eine Moderationskarte zu schreiben. Die so zurückgemeldeten Themen kann die Trainerin oder der Trainer dann auf ein Flipchart schreiben und mit der Gruppe besprechen.
- Bei dem Punkt „Ich-Zeit" kann auf den „Palast der Zufriedenheit" (siehe folgende Seite) verwiesen werden, der sich an dieser Stelle thematisch auch sehr gut einfügt.

Material

Klemmbretter, Flipcharts als Fotokopie für jeden Teilnehmenden, Stifte

Palast der Zufriedenheit
Beruf
Familie
Ich

Das Wertvollste im Leben
ist die Zeit –
Leben heißt,
mit der Zeit richtig umzugehen
Bruce Lee

Palast der Zufriedenheit

Kurzbeschreibung

Auf Basis des Life-Balance-Modells „Palast der Zufriedenheit" skizzieren die Teilnehmenden ihre aktuelle Lebenssituation.

Aufbau

Den Teilnehmenden wird das Modell „Palast der Zufriedenheit" (siehe Intro) vorgestellt. Im Anschluss skizzieren diese über sieben Minuten drei Säulen, wobei die Größe der Säulen widerspiegelt, welche Gewichtung die einzelnen Bereiche in ihrem Leben aktuell einnehmen. Zuletzt gibt es im Plenum einen Dialog über die gewonnenen Erkenntnisse.

Intro

„Wenn Sie diesen ‚Palast der Zufriedenheit' anschauen, was fällt Ihnen auf?" Die Teilnehmenden antworten. *„Sie haben es sehr gut erkannt. Der Palast ist schief. Die ‚Familie' und das ‚Ich' stehen zurück. Die Zufriedenheit eines Menschen basiert nach diesem Modell auf drei Säulen: dem Beruf, der Familie und dem Ich. Wenn ein Lebensbereich wie die Arbeit oder die Familie ein starkes Übergewicht hat, ist das eigene Wohlergehen nur von diesem einen Bereich abhängig. Oder anders gesagt: Es steht nur dieses Feld zur Verfügung, aus dem Energie, Anerkennung, Bindung etc. geschöpft werden kann. Je ausgewogener unser Palast gebaut ist, desto sicherer ist der Stand, wenn der Palast von einem Sturm heimgesucht wird.*

Den hier gezeigten Aufbau erlebe ich oft in Workshops und Coachings. Bei vielen fehlt die wichtige ‚Ich-Zeit', also die Zeit, die sie nur für sich selbst nutzen. Wenn die Säule des Ich noch kleiner wird, fällt das Haus in sich zusammen. Das gilt für Arbeit und Familie ebenso. Viele verwechseln die Familienzeit mit der ‚Ich-Zeit'. Aber es ist nicht dasselbe, ob ich mit Freunden eine Wandertour mache oder mit den Kindern Verstecken spiele.

Gleichgewicht bedeutet nicht, dass alles zeitlich gleich gewichtet ist, sondern dass ich mit allen drei Säulen gleich zufrieden bin. Ich z.B. trainiere, seit ich Kinder habe, einmal in der Woche Badminton. Das ist der Termin in der Woche, der steht. Vom zeitlichen Umfang her ist das natürlich nicht gleichzusetzen mit der Berufs- oder Familienzeit. Dennoch reicht mir diese eine feste ‚Ich-Insel' in der Woche, um meinen ‚Palast der Zufriedenheit' stabil zu halten. Das Wichtigste im Leben ist die Zeit – Leben heißt, mit der Zeit richtig umzugehen. Unsere Zeit ist endlich, das wissen wir alle. Der ‚Palast der Zufriedenheit' hilft uns, zu reflektieren, wie wir mit unserer Zeit umgehen möchten.

Das bei sich zu hinterfragen, dazu würde ich Sie nun gerne einladen. Skizzieren Sie bitte Ihren Palast der Zufriedenheit. Wie sehen die drei Säulen bei Ihnen

Palast der Zufriedenheit
Beruf
Familie
Ich

Das Wertvollste im Leben
ist die Zeit –
Leben heißt,
mit der Zeit richtig umzugehen.
Bruce Lee

aus? Sind sie im Gleichgewicht oder fehlt einer Säule Energie? Was könnten Sie tun, um diese Säule zu stärken? Nehmen Sie sich bitte sieben Minuten Zeit. Machen Sie sich gerne weitere Notizen. Wir werden im Anschluss keine Präsentation durchführen, aber wer möchte, kann gerne über seine Erkenntnisse in der Großgruppe sprechen. Hier sind Klemmbretter, Papier und Stifte für Sie. Haben Sie Fragen? ... Dann starten wir nun."

Hintergründe

Der Palast der Zufriedenheit gibt den Führungskräften eine Möglichkeit an die Hand, ihre aktuelle Lebenssituation zu beleuchten. Oft steht der Beruf an erster Stelle und die Familie wie auch die ‚Ich-Zeit' stehen hinten an. Erst wenn man seinen Standort kennt, kann man ihn verändern. Genau diese Möglichkeit bietet das Modell. Die Fokussierung auf die eigenen Wünsche, sei es mehr berufliches Engagement, mehr Familien- oder mehr ‚Ich-Zeit', sorgt für eine Ressourcenstärkung und dient dem großen Ganzen.

Alle Säulen sind voneinander abhängig und stärken sich gegenseitig. Führungskräften, die hauptsächlich berufliches Engagement zeigen, fehlen auf Dauer andere Quellen, die zur Zufriedenheit beitragen. Deshalb ist es sehr sinnvoll, sich mit diesem Modell zu beschäftigen.

Im Intro gehe ich gerne verstärkt auf die ‚Ich-Zeit' ein, da dieser Punkt bei Führungskräften häufig vernachlässigt wird.

Tipp

Im Anschluss bietet sich die Übung „Der perfekte Tag" (nächste Seite) an.

Material

Klemmbretter, Papiere und Stift

Der perfekte Tag
30 Minuten
bitte notieren

Der perfekte Tag

Kurzbeschreibung

Die Teilnehmenden entwickeln zu zweit ihren perfekten Arbeitstag.

Aufbau

Die Übung startet, indem die Teilnehmenden in Zweiergruppen eingeteilt werden und nacheinander im gegenseitigen Interview über 30 Minuten ihren perfekten Arbeitstag entwerfen. Hierfür erhält jeder ein Klemmbrett, Papier und Stift. Im Anschluss wird der jeweilige perfekte Arbeitstag von der Gesprächspartnerin bzw. dem Gesprächspartner im Plenum vorgestellt. Danach werden die Präsentationen in Bezug auf Besonderheiten oder Gemeinsamkeiten reflektiert.

Intro

„Was ist uns für unsere Life-Balance wichtig? Was fehlt noch und was machen wir schon richtig? Für eine gelungene Life-Balance ist es wichtig, zu wissen, was Sie persönlich für einen perfekten Arbeitstag brauchen. Hier setzt unsere nächste Übung an. Es geht nun darum, dass Sie sich Ihren perfekten Arbeitstag so detailliert wie möglich erträumen. Stellen Sie sich vor, Sie haben einen Arbeitstag, den sie frei gestalten können. Wann stehen Sie auf? Was frühstücken Sie? Was tun Sie vielleicht morgens für sich? Wie kommen Sie zur Arbeit? Was machen Sie dort zuerst? Welchen Themen widmen Sie sich? Wie läuft Ihre Mittagspause ab? Alles gerne so detailliert, wie es Ihnen dienlich ist! Gehen Sie nun bitte zu zweit zusammen. Ihre Partnerin oder Ihr Partner schreibt Ihren perfekten Arbeitstag über 15 Minuten auf und stellt Ihnen Fragen zur Unterstützung. Ich habe hier für jeden von Ihnen ein Klemmbrett mit Block und Stifte für Ihre Notizen. Sie haben insgesamt 30 Minuten Zeit. Im Anschluss stellt uns Ihre Partnerin oder Ihr Partner Ihren perfekten Tag vor. Sprechen Sie ab, was sie oder er erzählen darf! Wir sehen uns um 13:45 Uhr wieder hier im Workshop-Raum. Haben Sie Fragen? Dann zur Gruppeneinteilung …"

Hintergründe

Die Methode bringt die Teilnehmenden dazu, sich mit ihren Bedürfnissen und Wünschen zu beschäftigen. Sie erarbeiten Ideen, um ihre Life-Balance im Berufsalltag zu verbessern.

Tipp

Ab sechs Teilnehmenden wird die Präsentationsphase schnell zu lange. In diesem Fall kann jeder einen Punkt aus dem perfekten Tag des anderen vorstellen, den er besonders inspirierend findet.

Material

Klemmbretter, Papier und Stift

Dem Stress auf der Spur
A
B
berichtet über eine stressige Führungssituation
stellt Fragen, ohne Schlussfolgerungen und Tipps
C
macht Notizen und achtet auf die Zeit
7 Minuten pro Person

Dem Stress auf der Spur

Kurzbeschreibung

Die Teilnehmenden erforschen in Dreiergruppen ihre persönlichen Stressoren.

Aufbau

Zu Beginn bekommen die Teilnehmenden die Einladung, sich in Dreiergruppen einen angenehmen, ruhigen Platz zu suchen. Die nun folgende Aufgabe besteht darin, dass jede bzw. jeder nacheinander von einer als stressig erlebten Führungssituation erzählt. Während eine Person berichtet, hilft die zweite Person, z.B. durch gezieltes Nachfragen, die ursächlichen Stressoren in dieser Situation zu identifizieren. Dabei ist darauf zu achten, dass weder Schlussfolgerungen gezogen, noch Ratschläge erteilt werden. Die dritte Person macht Notizen und übernimmt die Aufgabe des Zeitwächters. Nach sieben Minuten bekommt die Erzählerin bzw. der Erzähler die Notizen ausgehändigt und die anderen beiden Personen dürfen Feedback geben oder ihre Eindrücke schildern. Danach werden die Rollen reihum gewechselt. Im Anschluss an die Kleingruppenarbeit wird im Plenum über die Übungserfahrungen gesprochen, wobei jeder Teilnehmende ausschließlich von seinem persönlichen Fall erzählt. Die Trainerin oder der Trainer visualisiert die Themen, Impulse, Ideen etc. auf einem Flipchart (siehe nächste Seite).

Intro

„In der nun folgenden Übung ist es mir wichtig, Sie dafür zu sensibilisieren, dass es sich lohnt, immer mal wieder anzuhalten und die persönlichen Stressoren in der eigenen Führungsarbeit zu hinterfragen. Wenn ich nun jemanden von Ihnen bitten würde, mir einen Stressauslöser zu nennen, dann verstecken sich dahinter zu 99 Prozent weitere Themen, die noch nicht bewusst sind. Genau darauf wollen wir nun einmal schauen. Ich teile Sie gleich in Dreiergruppen ein und Sie suchen sich einen ruhigen und angenehmen Platz hier im Raum oder außerhalb.

Starten Sie bitte mit der Rollenvergabe. Eine bzw. einer von Ihnen erzählt über eine selbst erlebte und als stressig wahrgenommene Führungssituation. Eine weitere Person hilft der Erzählerin oder dem Erzähler, diese Situation zu hinterfragen. Wichtig ist hierbei: Ziehen Sie dabei keine Schlussfolgerungen, erteilen Sie keine Ratschläge, geben Sie keine Lösungen vor oder nennen Sie Tipps. Die oder der Dritte im Bunde notiert Gesprächsinhalte und achtet auf die Zeit. Nach sieben Minuten können Sie sich gegenseitig ein kurzes Feedback geben, bevor Sie die Rollen wechseln. Die Notizen bekommt die jeweilige Erzählerin oder der Erzähler am Ende seines Teils ausgehändigt. Haben Sie Fragen? … Dann sehen wir uns um 11:45 Uhr wieder hier im Workshop-Raum."

Die Teilnehmenden besprechen sich über 30 Minuten in Kleingruppen und kehren dann zurück ins Plenum. *„Nun zum Schluss würde ich gerne mit Ihnen*

Dem Stress auf der Spur

einige Stressfaktoren aus den Kleingruppen sammeln. Jede und jeder kann dabei so viel über das eigene Thema erzählen, wie es für sie oder ihn stimmig ist. Was ist denn bei Ihnen aufgetaucht?" Die Trainerin oder der Trainer schreibt die genannten Dinge mit und begleitet das Gruppengespräch.

Hintergründe

Durch die Methode lernen die Teilnehmenden sich selbst und ihre Stressoren besser kennen. Der Wirkmechanismus der Übung basiert auf dem Rumpelstilzchen-Prinzip: Je genauer jemand in der Lage ist, das, was ihn stresst, zu beschreiben, desto weniger Macht hat der Stressor über ihn! Mit anderen Worten: Diffusität erhöht den Stress, Klarheit verringert ihn. Die Übung führt innerhalb der Dreiergruppen zu einem intensiven Austausch, da die Teilnehmenden als Führungskräfte in der Regel ganz ähnliche Themen bewegen.

Tipps

- Bei einer Gruppe aus neuen Führungskräften kann es sinnvoll sein, die Übung einmal im Plenum durchzuführen und so das Verständnis der Gruppe für die Übung zu vergrößern.
- Die Teilnehmenden kommen recht schnell in intensive Gespräche, sodass die vorgegebene Zeit fast nie eingehalten wird. Deshalb ist es sinnvoll, die zeitliche Vorgabe von sieben Minuten pro Person anzusagen, damit die Zeit nicht völlig aus dem Blick gerät, und dennoch gleichzeitig ein größeres Minutenkontingent einzukalkulieren.

Material

Klemmbretter, Blöcke und Stifte für die Notizen

Herr Silberfuß
und die drei Wege der Stressbewältigung
Instrumentell
Reduktion oder Ausschaltung äußerer Stressoren
Kognitiv
Änderung persönlicher Stressverstärker
Regenerativ
Regulierung physischer und psychischer Stressreaktionen

Herr Silberfuß

Kurzbeschreibung

Auf Basis der Geschichte von Herrn Silberfuß und dem Modell „Die drei Wege der Stressbewältigung" arbeiten die Teilnehmenden in Kleingruppen an Lösungsideen zur Kompensation ihrer persönlichen Stressoren.

Aufbau

Zunächst erfolgt ein Vortrag über die drei Wege zur Stressbewältigung und die Geschichte von Herrn Silberfuß (siehe Intro). Im Anschluss tauschen sich die Teilnehmenden über 30 Minuten zu viert über konkrete Bewältigungsstrategien für Herrn Silberfuß aus und notieren diese. Zum Abschluss werden die Ideen besprochen und durch die Trainerin oder den Trainer simultan visualisiert (siehe Flipchart nächste Seite).

Intro

„Es gibt drei Hauptwege, mit denen wir Stress bewältigen können, und diese würde ich Ihnen nun gerne zeigen. Stellen Sie sich vor, Sie kommen auf Ihrem täglichen Fußweg zur Arbeit an einem Hof vorbei, aus dem Sie immer ein Hund anbellt, was Sie total stresst. Nun gibt es drei Strategien, die Sie anwenden können, um entspannter damit umzugehen.

Da ist zuerst das **instrumentelle Stressmanagement.** *Dieses setzt an der Reduktion oder dem Ausschalten äußerer Stressoren an – in diesem Fall bei der Begegnung mit dem Hund. Sie können z.B. einen anderen Weg nehmen, mit dem Bus fahren oder dem Hund einen Knochen zuwerfen.*

Eine andere Strategie steckt im **kognitiven Stressmanagement.** *Hier geht es um die Erkenntnis, dass es die eigene subjektive Wahrnehmung ist, die die Situation, in diesem Fall mit dem Hund, als bedrohlich erscheinen lässt. Für eine andere Person wäre die Situation vielleicht gar nicht erwähnenswert. Bei dem kognitiven Stressmanagement geht es also darum, bei unserem individuellen Erleben bzw. unserer Wahrnehmung anzusetzen. So könnten wir uns vorstellen, dass der Hund bellt, weil er mit uns mitlaufen möchte. Auf diese Weise erhalten wir einen anderen Zugang, eine andere Bewertung der Situation. Und das wirkt sich auch auf unser Stresserleben aus.*

Die dritte Strategie liegt im **regenerativen Stressmanagement.** *Hier setzen Sie sich dem Hundegebell weiterhin aus, bauen hinterher Ihre aufgewallten Stresshormone mit Joggen ab oder kommen mit Autogenem Training zur Ruhe. Oder Sie hören Ihre Lieblingsmusik, die bei Ihnen immer für Entspannung sorgt. Sie setzen also an Ihrer Stressreaktion an. Diese drei Ebenen gibt es, um mit Stress umzugehen. Haben Sie Fragen bis hierhin? …*

Ideen zur Stressbewältigung

Nun würde ich gerne mit Ihnen an einem Fallbespiel arbeiten. Es geht um die Situation von Herrn Silberfuß. Herr Silberfuß arbeitet als Abteilungsleiter in einem Versicherungsunternehmen. Er hat Schwierigkeiten, das Arbeitspensum zu bewältigen, fühlt sich gestresst und ausgelaugt. Er ist selbst mit einem hohen Anteil in das operative Tagesgeschäft involviert und hat wenig Zeit, tatsächlich zu führen. Er arbeitet in einem Großraumbüro mit ein paar Stellwänden drum herum, hat den ganzen Tag viel Gewusel um sich und wenig Phasen, in denen er ruhig arbeiten kann. Es stehen immer wieder Mitarbeitende bei ihm, die etwas brauchen und ihn aus dem Konzept bringen. Dazu gibt es aktuell Schwierigkeiten im Team, um die er sich allerdings aus Zeitgründen nicht kümmern kann. Sowohl sein Vorgesetzter als auch seine Mitarbeitenden sind mit seiner Leistung nicht zufrieden. Seine Frau und seine Kinder beschweren sich, dass er zu viel arbeitet, oft schlechte Laune hat und nicht abschalten kann.

So viel zur Situation. Vielleicht kommt Ihnen das ein oder andere bekannt vor? Ich lade Sie nun ein, zu viert zusammenzugehen und über die beschriebenen Situationen und dazu passende Bewältigungsstrategien zu diskutieren. Schauen Sie einfach, welche Punkte Ihnen besonders ins Auge fallen und sprechen Sie darüber. Sie bekommen hierfür eine Kopie der Geschichte von Herrn Silberfuß. Achten Sie bitte darauf, dass Sie mit Ihren Ideen nur innerhalb seines Einflussbereichs bleiben. Entwickeln Sie also keine Lösungen, für die der Chef oder jemand anderes gebraucht wird. Bitte machen Sie ein paar Notizen. Ein Klemmbrett mit Block und Stift liegt für jede Gruppe bereit. In 30 Minuten treffen wir uns hier im Plenum wieder und jede Gruppe kann ein wenig aus dem Gespräch berichten. Haben Sie Fragen? ... Dann starten wir nun mit der Gruppeneinteilung!"

Hintergründe

„Die drei Hauptwege der Stressbewältigung" sind ein bekanntes Modell in der Life-Balance-Thematik. Die beschriebene Methode verbindet das Modell mit persönlichen Stresserfahrungen und sorgt hierdurch für einen direkten Praxisbezug. Zum schnellen Verständnis hilft das Beispiel von der Begegnung mit dem Hund. Hier werden ausgehend von einer zentralen Stresssituation alle drei Stressbewältigungsstrategien erklärt und ein anschaulicher Zugang zum Modell geschaffen.

Tipp

Passen Sie die Geschichte von Herrn Silberfuß dem Arbeitskontext der Teilnehmenden an.

Material

Klemmbretter, Blöcke, Stifte und eine Kopie der Geschichte von Herrn Silberfuß (siehe Online-Ressourcen) für jede Kleingruppe

Atementspannung
1. Bequem sitzen.
2. Augen schließen.
3. Spüren Sie nun, wie Ihr Atem kommt und geht. Wie Ihr Brust- und Bauchraum sich weitet und zurückkehrt.
7 Minuten

Atementspannung

Eine kurze Entspannungsübung, bei der die Teilnehmenden sich auf ihren Atem konzentrieren.

Kurzbeschreibung

Die Teilnehmenden führen im Sitzen, mit geschlossenen Augen, über sieben Minuten eine Übung durch, bei der sie sich auf den Atem konzentrieren. Im Anschluss folgt ein Erfahrungsaustausch im Plenum.

Aufbau

„Ein wichtiger Teil der Life-Balance ist es, sich schnell zur Ruhe bringen zu können. Hierbei sind verschiedene Entspannungstechniken sehr hilfreich. Zunächst ist es wichtig, die richtige Methode für sich zu finden. Neben bekannten Übungen wie dem Autogenen Training oder der Progressiven Muskelentspannung bin ich ein Fan von Methoden, die den Atem in den Mittelpunkt stellen. Diese sind sehr schnell wirksam und eignen sich gut, um erste Erfahrungen mit Entspannungsübungen zu sammeln.

Intro

Deshalb lade ich Sie nun zu einer Atemübung ein. Das Ganze dauert etwa sieben Minuten. Nach einer kurzen Einleitung versuchen Sie, sich ausschließlich auf Ihren Atem zu konzentrieren: auf die Einatmung und auf die Ausatmung. Falls Sie in der Übung merken, dass Sie mit den Gedanken woanders sind, kehren Sie mit Ihrer Aufmerksamkeit einfach entspannt zurück zu Ihrem Atem. Falls bei jemandem die Entspannung besonders gut funktioniert und ein leichtes Schnarchen ertönt, was bei einer Gruppe in Ihrer Größe statistisch passieren kann, würde ich ihn oder sie leicht an der Schulter antippen. Passt das für Sie? ... Wenn die Zeit um ist, werde ich einen kleinen Ton machen, der Ihnen sanft das Ende der Übung signalisiert. Dann strecken und recken Sie sich je nach Bedarf und kehren in den Stuhlkreis zurück.

Als Erstes suchen Sie sich nun bitte einen Platz hier im Raum, an dem Sie sich wohlfühlen. Dann setzen Sie sich aufrecht, aber trotzdem bequem, auf Ihren Stuhl."

Sobald die Teilnehmenden sich positioniert haben: *„Wenn Sie mögen, schließen Sie Ihre Augen. Rücken Sie bitte nach hinten, sodass der untere Rücken anliegt und Sie möglichst aufrecht sitzen. Legen Sie Ihre Arme, wenn Sie mögen, einfach auf die Oberschenkel. Perfekt! Ich gebe Ihnen nun ein paar einstimmende Worte, und dann sind Sie den Rest der Zeit für sich und bei Ihrem Atem."*

Die Trainerin bzw. der Trainer gibt nun mit langsamer, ruhiger Stimme und Pausen zwischen den Sätzen die Anleitung zur Atementspannung: *„Spüren*

Atementspannung
1. Bequem sitzen.
2. Augen schließen.
3. Spüren Sie nun, wie Ihr Atem kommt und geht. Wie der Brust- und Bauchraum sich weitet und zurückkehrt.
7 Minuten

Sie nun, wie Ihr Atem kommt und geht ... Sie nehmen wahr, wie sich Ihr Bauch beim Einatmen weitet und beim Ausatmen wieder flacher wird ... Versuchen Sie nun für die nächsten Minuten, Ihren Atem einfach zu beobachten, wie er kommt und geht, kommt und geht ..."

Nach den sieben Minuten signalisiert die Trainerin oder der Trainer das Ende der Übung. Wenn alle Teilnehmenden wieder im Plenum sitzen, findet ein kurzer Austausch über die Effekte der Atemübung statt.

Outro

Als Abschluss kann die Trainerin oder der Trainer Folgendes mitgeben: *„Wenn Sie merken, dass es Ihnen dienlich war, dann lade ich Sie dazu ein, die Übung jeden Tag einmal über sieben Minuten in ihren Alltag zu integrieren. Durch die Einfachheit der Umsetzung können Sie sie schnell in Alltagssituationen oder - falls Sie z.B. ein Büro für sich haben - am Arbeitsplatz umsetzen."*

Hintergründe

Die Atemübung ist eine effektive Methode zur Entspannung. Mit der Durchführung können Sie als Trainerin oder Trainer einen wichtigen Impuls setzen, sich mit Entspannungsverfahren weiter zu beschäftigen. Oft sind die Teilnehmenden von der schnellen und intensiven Wirkung sehr verblüfft. Es lohnt sich, je nach Zeitrahmen und individuellen Fertigkeiten, weitere Verfahren wie Progressive Muskelentspannung oder Autogenes Training vorzustellen. Wichtig ist der Hinweis, dass das kontinuierliche Einbinden und Üben dieser Methoden dafür sorgen, dass sie immer schneller und effektiver wirken.

Tipps

- Neben der Atementspannung erwähne ich noch das Autogene Training und die Progressive Muskelentspannung. Diese Methoden sind allgemein bekannt und gut evaluiert.
- Halten Sie nicht an den sieben Minuten fest, wenn Sie merken, dass die Teilnehmenden unruhig werden. Die Entspannung kann auch früher beendet werden.
- Das Abschlusssignal der Übung vollziehe ich immer mit Alltagsgegenständen, z.B. Gläsern aus dem Workshop-Raum.

Material

Alltagsgegenstand zum Signalisieren des Endes der Übung

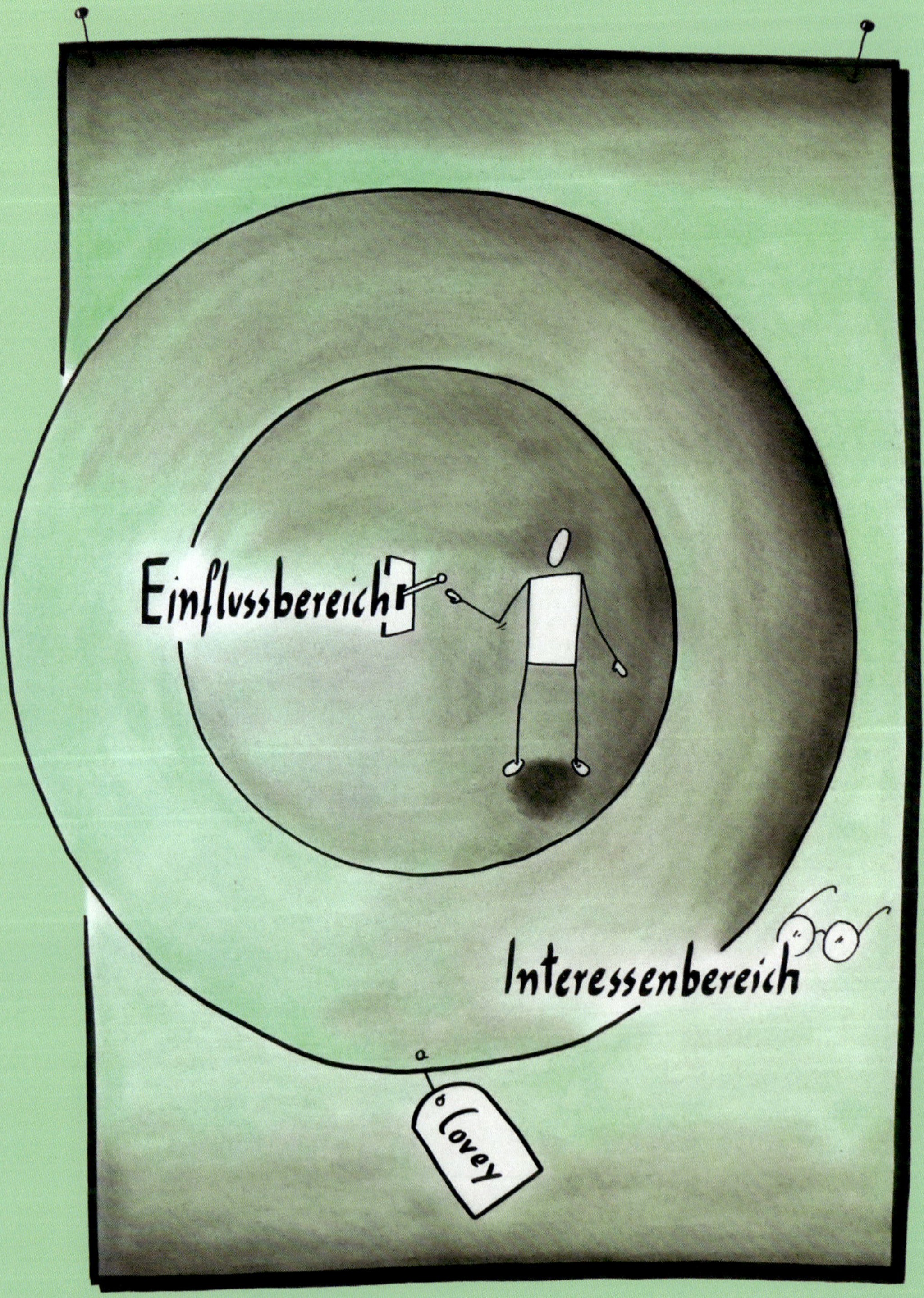
Einflussbereich
Interessenbereich
Covey

Handlungsspielräume

Kurzbeschreibung

Nach der Vorstellung des Covey-Modells strukturieren die Teilnehmenden ihre Themen nach Einfluss- und Interessenbereich. Die Übung findet in Kleingruppen statt.

Aufbau

Vor dem Start der Übung fertigt die Trainerin bzw. der Trainer Flipcharts oder Pinnwände mit den beiden Feldern Interessenbereich und Einflussbereich an. Zu Beginn schreiben die Teilnehmenden ihre Herausforderungen und Probleme, die für sie aktuell in ihrer Tätigkeit eine Rolle spielen, in Stichworten auf Moderationskarten. Im Anschluss stellt ihnen die Trainerin bzw. der Trainer das Modell Einfluss- und Interessenbereich nach Stephen Covey vor. Nun werden Kleingruppen mit jeweils drei Personen gebildet. Die Teilnehmenden arbeiten an vorbereiteten Pinnwänden, auf denen die zwei Felder Einflussbereich und Interessenbereich nebeneinander angelegt sind. Jedes Gruppenmitglied ordnet nacheinander seine Themen den entsprechenden Feldern zu und wird von den anderen beiden Gruppenmitgliedern bei der Entscheidungsfindung unterstützt. Dafür stehen pro Person zehn Minuten zur Verfügung. Zuletzt gibt es eine Plenumsrunde mit einem Austausch über generelle Erkenntnisse.

Intro

„Nun möchte ich Sie bitten, möglichst konkrete berufliche Herausforderungen und Probleme in Stichworten auf Moderationskarten zu schreiben. Die von Ihnen notierten Themen werden Sie im Anschluss in Kleingruppen weiterbearbeiten."
Die Teilnehmenden füllen die Moderationskarten aus.

„Nun möchte ich Ihnen gerne das Einfluss- und Interessenmodell nach Stephen Covey vorstellen. In Ihrem Leben gibt es zwei Bereiche. Einen, auf den Sie Einfluss haben, das ist der Einflussbereich, und einen, an dem Sie nichts ändern können, das ist der sogenannte Interessenbereich. Jeder möchte möglichst viel Einfluss auf die Dinge nehmen, die in seinem Leben eine Rolle spielen. Insbesondere das, was uns stört, wollen wir verändern. Wenn wir allerdings etwas verändern möchten, auf das wir keinen Einfluss haben, kann uns das schwer belasten. Wir stecken viel Energie und Kraft in eine Sache und können doch nichts bewirken. Für eine gute Life-Balance ist es hilfreich, den Unterschied zwischen Einfluss- und Interessenbereich zu kennen. Auch als Führungskraft ist es sinnvoll, sich mit seinem Einfluss- und Interessenbereich zu beschäftigen. Das hilft uns, zu differenzieren: Wo können wir mit unseren Taten etwas bewirken? Und wo ist dies nicht möglich? Wenn wir erkennen, dass wir bei bestimmten Dingen keinen Einfluss ausüben können, sollten wir versuchen, diese Dinge zu akzeptieren und von der Sache loszulassen. Denn wer loslässt, hat wieder zwei Hände frei.

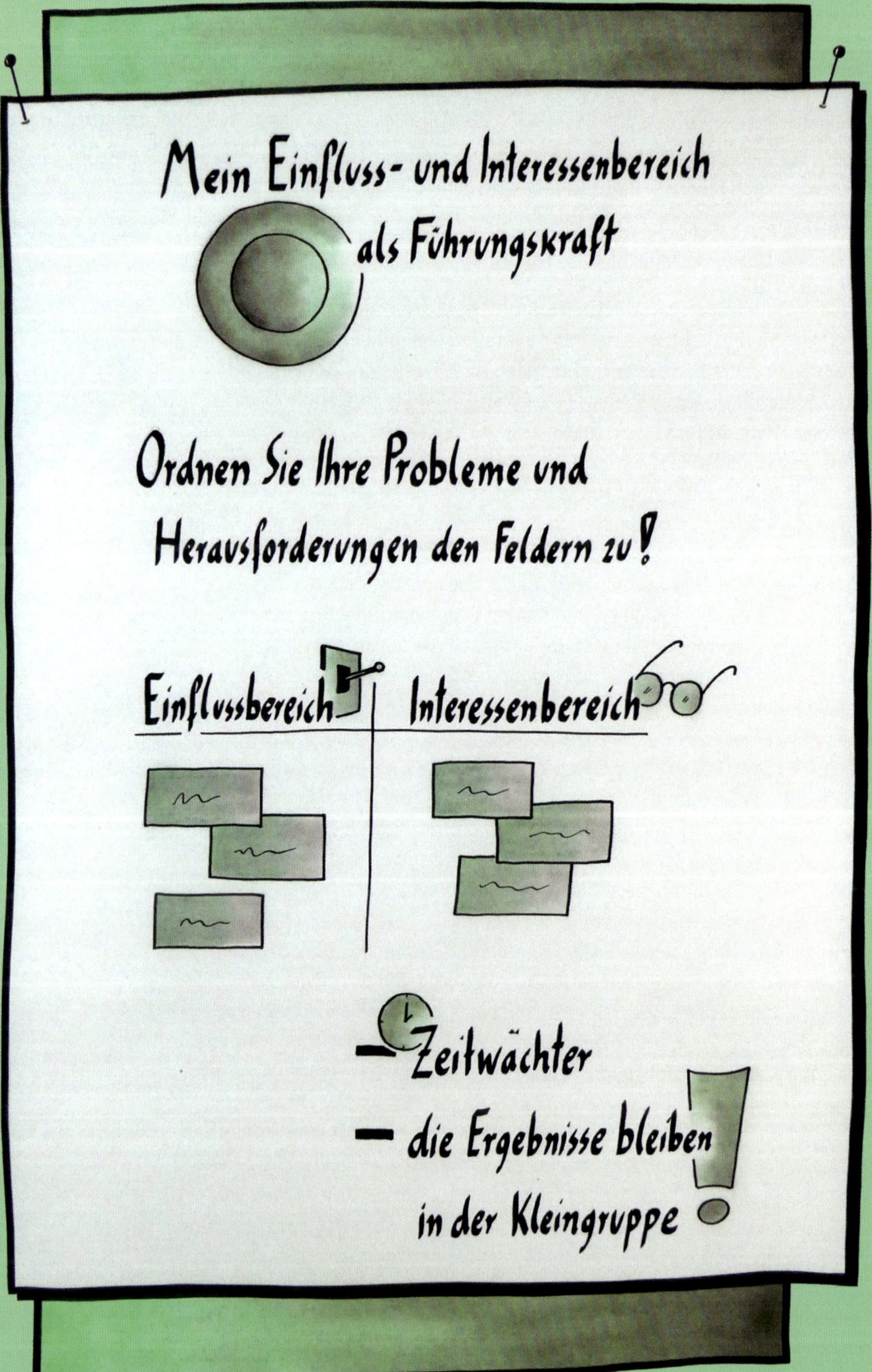
Mein Einfluss- und Interessenbereich
als Führungskraft
Ordnen Sie Ihre Probleme und
Herausforderungen den Feldern zu!
Einflussbereich
Interessenbereich
– Zeitwächter
– die Ergebnisse bleiben
in der Kleingruppe

Deshalb lade ich Sie nun zu folgender Übung ein: Sie finden sich zunächst in Dreiergruppen zusammen und bestimmen, wer für die Zeit zuständig ist und wer mit der Übung startet. Die Person, die startet, hat zehn Minuten Zeit, ihre Themen vorzustellen und diese einem Bereich zuzuordnen. Die anderen beiden aus der Gruppe passen auf, ob die Zuordnung so passt. Wenn die erste Person fertig ist, kann sie sich gerne ein Foto ihres Ergebnisses machen, bevor sie es nach der Übung wieder auflöst. Wichtig ist noch: Alles bleibt erst einmal in der Kleingruppe. Wir werden nach der Übung im Plenum nur über generelle Erkenntnisse sprechen. Wenn Sie Unterstützung brauchen, dann bin ich für Sie da. Haben Sie Fragen? ... Dann finden Sie nun zwei Partnerinnen bzw. Partner und starten Sie."

Hintergründe

Das Spannende an der Übung ist die Erkenntnis, dass sich Einfluss- und Interessenbereich nicht so leicht differenzieren lassen, wie man es vermuten würde. Durch die Auseinandersetzung und den Dialog mit den Partnerinnen und Partnern erhalten die Teilnehmenden neue Einsichten und mehr Klarheit über die eigenen Handlungsspielräume. Sie üben sich darin, diese beiden Bereiche zu unterscheiden, und werden sensibilisiert, ihre Energie zukünftig sinnvoller einzusetzen.

Tipps

- Die Methode geht mit einem großen Maß an Selbstoffenbarung einher. Es ist wichtig, dass dies zur Gruppensituation passt. Vor diesem Hintergrund ist es sinnvoll, dass die Gruppen selbst zusammenfinden und nicht von der Trainerin oder dem Trainer eingeteilt werden.
- Die Kleingruppen sollten maximal aus drei Teilnehmenden bestehen.
- Wenn Sie aus thematischen Gründen zusätzlich den privaten Bereich der Teilnehmenden einbeziehen möchten, eignen sich Zweiergruppen am besten.

Material

Moderationskarten und Stifte

Quelle: Covey, Stephen (2010): Die 7 Wege zur Effektivität. Gabal, Offenbach.

RessourcenPool
Was habe ich früher für mich gemacht?
Was mache ich jetzt für mich?
Was kann ich in Zukunft für mich tun?
Ein Begriff pro Karte
10 Minuten Austausch

Ressourcenpool

Kurzbeschreibung

Die Teilnehmenden notieren ihre Ressourcen auf Moderationskarten. Die Karten kommen in einen am Boden markierten Pool und dienen darauffolgend als Inspirationsquelle.

Aufbau

Vor dem Start der Übung markiert die Trainerin bzw. der Trainer mit Malerkrepp einen Pool auf dem Boden des Workshop-Raums. Anschließend finden sich die Teilnehmenden zu zweit zusammen und tauschen sich über 10 Minuten über die drei Fragen (siehe Flipchart) aus. Jeder schreibt seine Punkte auf einzelne Moderationskarten, die dann im Pool verteilt werden. Im Anschluss bittet die Trainerin bzw. der Trainer alle Teilnehmenden, sich mindestens eine Karte mit etwas Neuem auszusuchen und diese den anderen vorzustellen.

Intro

„Nun legen wir den Fokus auf einen der wichtigsten Bereiche der Life-Balance. Auf Ihr Energielevel. Nur wenn Sie ausreichend, also einen Überschuss an Energie haben, können Sie dauerhaft tatkräftig für Ihr Unternehmen, Ihre Mitarbeitenden und Ihre Familie da sein. Deshalb lade ich Sie nun dazu ein, sich zu zweit zusammenzutun und von Dingen zu berichten, die Sie nur für sich tun. Es können Sachen sein, die Sie konkret für sich in der Vergangenheit getan haben, aktuell tun oder noch zukünftig vorhaben. Schreiben Sie bitte jede Idee auf eine Moderationskarte. Dafür haben Sie jetzt zehn Minuten Zeit." Die Teilnehmenden tauschen sich aus und legen im Anschluss die Karten in den Pool.

„Nun bitte ich Sie, sich die Moderationskarten in unserem Ressourcenpool genau anzuschauen. Gibt es etwas für Sie, das Sie nicht kennen? Fragen Sie gerne! Oder gibt es etwas, das Sie noch nicht in Betracht gezogen haben? Fischen Sie sich jetzt mindestens eine Karte heraus, die für Sie etwas Neues beinhaltet, etwas, das Sie vielleicht noch in dieser Woche umsetzen möchten." Die Teilnehmenden suchen sich Karten aus. *„Wie ist es Ihnen mit der Übung ergangen. Haben Sie eine Anregung gefunden?"*

Hintergründe

Durch die Übung werden neue Ideen generiert, die mehr Ausgleich in der Life-Balance ermöglichen. Gleichzeitig werden vorhandene Ressourcen bewusst gemacht.

Tipps

- Die Übung eignet sich sehr gut am Ende der Einheit Life-Balance, da es sehr konkret um die praktische Umsetzung neuer Ressourcen geht.
- Wenn Teilnehmende die gleiche Karte haben möchten, können sie sich nebeneinander stellen und die Karte weiterreichen, wenn sie an der Reihe sind.

Material

Malerkrepp, Moderationskarten und Marker

3. Kapitel

Workshop-Ausstieg

In diesem Kapitel

In diesem Kapitel liegt der Schwerpunkt darin, den Workshop stimmig zu beenden. Damit dies gelingt, müssen sowohl die Inhalts- als auch die Beziehungsebene berücksichtigt werden. Für die Gestaltung eines erfolgreichen Abschlusses spielt die Methode eine herausragende Rolle, denn sie sollte sich möglichst passgenau in die aktuelle Situation mit all ihren Facetten wie Gruppendynamik, Stimmung etc. einfügen. Es lohnt sich, verschiedene Methoden im Repertoire zu haben, um in der Abschlusssituation spontan zu entscheiden, welche im Hinblick auf den Prozess (und nicht zu verachten: die Uhr!) angemessen ist. Hier die Meilensteine dieses Kapitels in der Übersicht:

1. Zum Start des Workshop-Ausstiegs sind Ideen beschrieben, die den Teilnehmenden die Möglichkeit geben, das Erlebte Revue passieren zu lassen. Es handelt sich um Methoden, die die verschiedenen Inhalte und Gegebenheiten des Workshops noch einmal vor Augen führen.

2. Es folgen verschiedene Methoden, bei denen es um eine abschließende Reflexion der Workshop-Inhalte geht und die den Transfer der individuellen Erfahrungen und Erkenntnisse in den beruflichen Alltag unterstützen. Welche Punkte aus dem Workshop waren besonders für mich? Was will ich in Erinnerung behalten? Was nehme ich mit? Welche Ziele ergeben sich aus meinen Erfahrungen und Gedanken? Was könnten erste Schritte sein? Was brauche ich für eine gelungene Umsetzung? Dies sind die Fragestellungen, die hier eine Rolle spielen.

3. Zu guter Letzt bietet sich immer eine Abschlussrunde im Stuhlkreis an, in der alle Teilnehmenden noch einmal zu Wort kommen und ihr letztes Statement im Plenum äußern.

Revue passieren lassen

Besonders bei längeren oder vielseitigen Workshop-Prozessen sind die letzten Erlebnisse bei den Teilnehmenden besonders präsent. Weiter zurückliegende Ereignisse sind dagegen schon oft nicht mehr in unmittelbarer Erinnerung. Um den Transfer und Abschluss der Veranstaltung möglichst auf Basis des gesamten Workshop-Spektrums durchführen zu können, bietet es sich an, den Teilnehmenden die Agenda noch einmal vor Augen zu führen und somit einen Überblick über das Erlebte zu geben.

In diesem Kapitel sind mit „Museumsgeflüster" und „Unser Workshop-Tagebuch" zwei Methoden beschrieben, die genau das leisten. Die Methode „Museumsgeflüster" nutzt die Flipchart- und Pinnwandvisualisierungen aus dem Workshop für eine Vernissage und bietet so eine schnelle Möglichkeit, die Ereignisse wieder in das Bewusstsein der Teilnehmenden zu bringen. Die Methode „Workshop-Tagebuch" sorgt am Ende für eine schnelle Übersicht bezüglich der Inhalte der Gesamtveranstaltung und bietet den Teilnehmenden zusätzlich Orientierung im Verlauf des Workshops.

Um die Methoden möglichst lebendig zu gestalten, können Sie als Trainerin oder Trainer besondere Begebenheiten oder Zitate von Teilnehmenden in die Methoden mit einbauen.

Index

"MUSEUMS-
GEFLÜSTER"
1. Laufen Sie durch das Museum
und lassen Sie den Workshop
Revue passieren.
2. Austausch über Seitengespräche.

Museumsgeflüster

Kurzbeschreibung

Auf Basis ausgestellter Workshop-Flipcharts lassen die Teilnehmenden die Veranstaltung Revue passieren und tauschen sich im Anschluss zu zweit aus.

Aufbau

In der Vorbereitung verteilt die Trainerin bzw. der Trainer alle wesentlichen Flipcharts und Pinnwände aus der Veranstaltung gut sichtbar im Workshop-Raum. Die Teilnehmenden bekommen die Aufgabe, sich durch den Raum zu bewegen und den Workshop anhand der Bilder und Aufzeichnungen Revue passieren zu lassen. Im Anschluss werden Seitengespräche anmoderiert, in denen die Teilnehmenden zu zweit über die verschiedenen Themen sprechen.

Intro

„Unsere gemeinsamen Tage neigen sich dem Ende zu und es geht nun darum, unsere Veranstaltung Revue passieren zu lassen. Sie sehen, dass ich alle Flipcharts und Pinnwände der letzten drei Tage im Raum verteilt habe. Ihre erste Aufgabe ist es, sich über diese Museumsgalerie alle Inhalte wieder ins Gedächtnis zu rufen. Hierfür haben Sie fünf Minuten Zeit." Die Teilnehmenden laufen umher und schauen sich die Flipcharts und Pinnwände an. *„Nun bitte ich Sie, sich eine Partnerin oder einen Partner zu suchen und sich über 10 Minuten über den Workshop und Ihre Erlebnisse auszutauschen."*

Hintergründe

Die Methode ermöglicht ein intensives Eintauchen in alle Facetten des erlebten Workshops.

Tipps

- Decken Sie Punkt zwei auf dem Flipchart ab, solange Sie mit der ersten Aufgabe beschäftig sind. So können sich die Teilnehmenden erst einmal auf diesen Auftrag konzentrieren.
- Je nach Situation und anschließender Methode können Sie die Seitengespräche weglassen und direkt in die Abschlussübung eintauchen.
- Mithilfe eines Beamers können Bilder, z.B. von Outdoor-Übungen oder dem Bowling-Abend, in die Übung eingebunden werden.

Material

Klemmbretter, Papier, Stifte, evtl. Laptop und Beamer

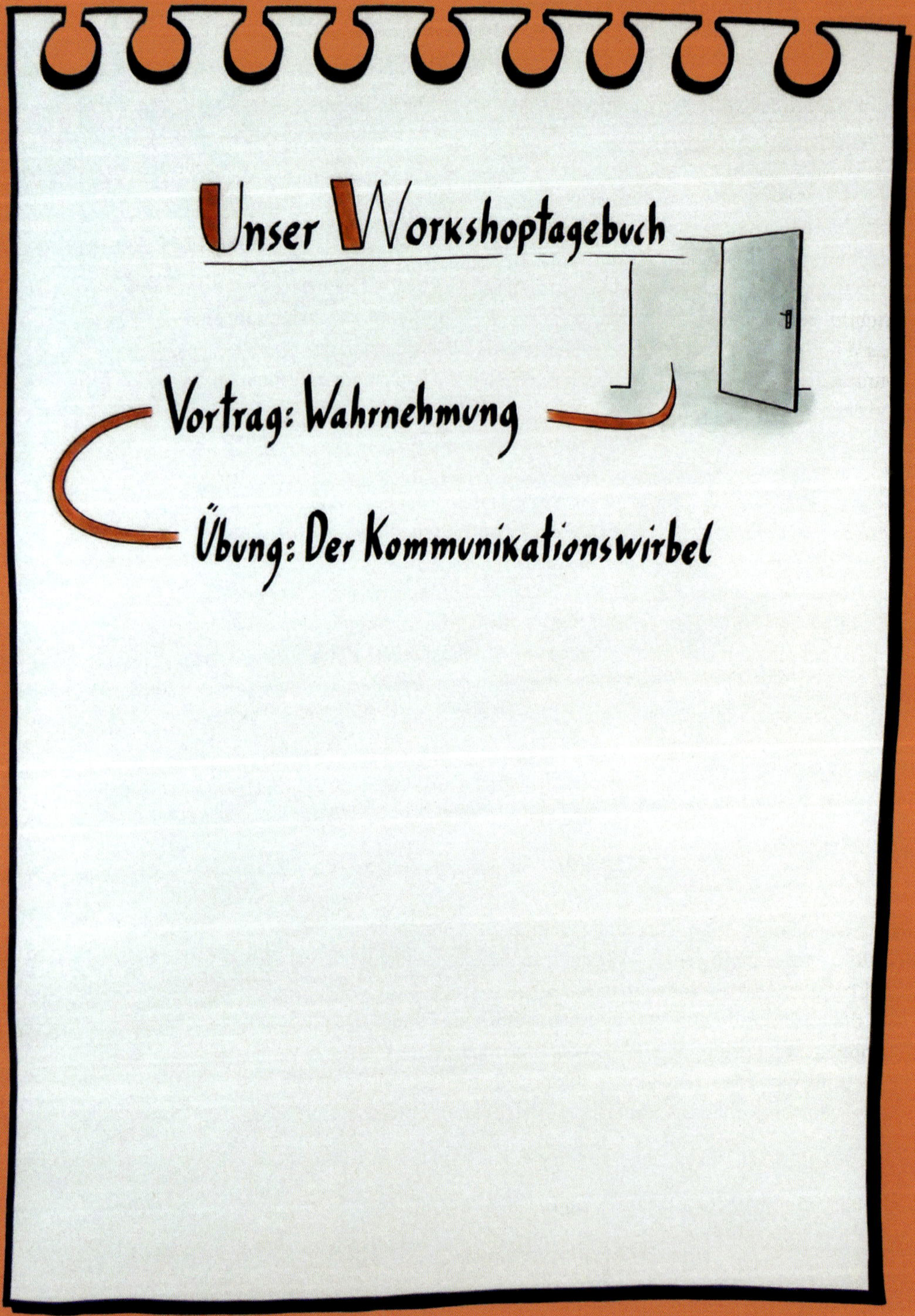
Unser Workshoptagebuch
Vortrag: Wahrnehmung
Übung: Der Kommunikationswirbel

Unser Workshop-Tagebuch

Kurzbeschreibung

Die wichtigsten Workshop-Bausteine werden nach jeder abgeschlossenen Einheit auf einem Flipchart ergänzt und in der Abschlussphase zum Revue-passieren-Lassen genutzt.

Aufbau

Im Vorfeld der Veranstaltung wird ein Flipchart- oder Pinnwandpapier im Workshop-Raum bereitgestellt. Während des gesamten Workshops werden die wichtigsten Bausteine mitvisualisiert. Zum Start der Abschlusseinheit wird das Workshop-Tagebuch von der Trainerin bzw. dem Trainer in den Mittelpunkt geholt und die erlebten Workshop-Inhalte stehen als Vorbereitung für die Abschlussübung bereit.

Intro

Die Vorstellung zum Workshop-Start: *„Hier sehen Sie unser Workshop-Tagebuch, das noch nicht gefüllt ist. Ich werde immer, wenn wir mit einem Baustein fertig sind, diesen hier vermerken. So haben Sie zu jeder Zeit eine gute Übersicht, was schon alles passiert ist. Wir werden das Tagebuch gleichzeitig am Ende der Veranstaltung als Unterstützung nutzen, um den Workshop Revue passieren zu lassen."*

Zum Einstieg in die Transfer- und Abschlussphase: *„Zum Start in unsere Abschlusssequenz möchte ich Sie gerne auf unser Workshop-Tagebuch hinweisen. Wir haben viel miteinander erlebt und das Tagebuch bietet Ihnen, wenn es nun in unserer Abschlussübung darum geht, zurückzuschauen, auszuwerten und das Reisegepäck zu packen, eine gute Unterstützung an."* Nun folgt eine Abschlussübung nach Wahl.

Hintergründe

Die Methode bietet den Teilnehmenden über den Verlauf des Workshops sehr viel Transparenz und Orientierung. Gerade wenn viele Themen und Punkte auf der Agenda stehen, hilft das Tagebuch, die Übersicht zu bewahren, und ermöglicht zusätzlich beim Abschluss, alle erlebten Aspekte noch einmal einzubeziehen.

Tipps

- Ich stelle das Workshop-Tagebuch im Abschnitt Workshop-Kultur (siehe S. 21. ff.) mit vor.
- Bei mehrtägigen Workshops kann das Tagebuch als Unterstützung in den täglichen Abschlussrunden und zum Start in einen neuen Tag genutzt werden.
- Sie können alternativ Bildkarten für Ihre verschiedene Einheiten entwickeln und diese zur Visualisierung im Workshop nutzen.

Transfer und Abschluss komponieren

Nachdem sich die Teilnehmenden die Inhalte des Workshops noch einmal vergegenwärtigt haben, stehen nun die Gesamtreflexion, der Transfer und die Abrundung des Workshops im Fokus. Zentral ist an dieser Stelle, noch einmal die Bedeutung des Erlebten für jeden Einzelnen herauszustreichen sowie individuelle Transferschwerpunkte und konkrete Handlungsschritte zur Integration in den persönlichen Berufsalltag zu erarbeiten. Zusätzlich können Sie als Trainerin bzw. Trainer die Vernetzung der Teilnehmenden unterstützen und Lernpartnerschaften arrangieren. Wie bereits an anderer Stelle erwähnt, ist es wichtig, mehrere Abschlussübungen parat zu haben, um situativ die sinnvollste Methode nutzen zu können.

Das Kapitel beginnt mit den beiden Feedback-Übungen „Führungsqualitäten" und „Ich wünsche Ihnen …". Wenn die Teilnehmenden eine intensive Zeit miteinander erlebt haben, dienen gerade diese Übungen dazu, besonders viel für sich mitzunehmen und voneinander zu lernen. Danach folgen weitere Methoden mit unterschiedlichen Schwerpunkten, die es Ihnen ermöglichen, sehr gezielt auf die situativen Bedarfe der Gruppe eingehen zu können.

Index

Führungsqualitäten
• Wie habe ich Sie erlebt?
• Welche Führungsqualitäten sehe ich in Ihnen?
• Welche können Sie noch weiterentwickeln?
• Zusammenfassend...

Führungsqualitäten

Kurzbeschreibung

Die Teilnehmenden geben sich in Kleingruppen Feedback über wahrgenommene Führungsqualitäten.

Aufbau

Die Teilnehmenden setzen sich in Vierergruppen zusammen. Nacheinander steht nun jeder Einzelne zehn Minuten lang im Fokus der Gruppe und bekommt reihum Rückmeldungen zu den vorgegebenen Aspekten (siehe Flipchart). Das Gruppenmitglied, das sich bereit erklärt hat, auf die Zeit zu achten, erhält als Erstes sein Feedback.

Intro

„Sie haben sich in den insgesamt drei Workshops unseres Führungskräfteentwicklungsprogramms sehr intensiv kennengelernt. Ich möchte nun zum Abschluss eine letzte Feedback-Übung mit Ihnen durchführen. Ich teile Sie hierzu gleich in Vierergruppen ein und Sie haben dann insgesamt 40 Minuten Zeit. Da die Zeit meist der Knackpunkt bei dieser Übung ist, wählen Sie bitte als Erstes eine Person je Kleingruppe aus, die darauf achtet, dass jeder seine Zeit bekommt und Sie nach 40 Minuten auch wieder hier im Workshop-Raum zurück sind. Es macht Sinn, dass diese Person zuerst Feedback bekommt. Achten Sie beim Feedback selbst bitte auf die Feedback-Regeln, die Ihnen ja sicherlich mittlerweile in Fleisch und Blut übergegangen sind. Hier auf dem Flipchart (siehe links) *habe ich für Sie den inhaltlichen Rahmen Ihres Feedbacks zusammengefasst. Starten Sie damit, wie Sie den anderen erlebt haben, und enden Sie mit einer kurzen Zusammenfassung der für Sie wichtigsten Punkte. Das Flipchart habe ich Ihnen auch als Ausdruck in die Gruppenräume gelegt. Haben Sie Fragen? … Dann zur Einteilung!"*

Hintergründe

Eine intensive Übung zum Abschluss. Die Kleingruppe ermöglicht einen vertrauensvollen Rahmen, in dem es für jeden Teilnehmenden möglich ist, viel für sich mitzunehmen. Wenn Situation, Gruppe und Gruppengröße stimmen, ist die Übung in der Gesamtgruppe eine sehr gute Variante.

Tipp

Für das Gelingen der Übung ist es entscheidend, dass die Kleingruppen gefühlt unter sich sind. Falls nur ein Workshop-Raum zur Verfügung steht, sollte der maximal mögliche Abstand genutzt werden. Gegebenenfalls können Pinnwände zusätzlich als Raumteiler genutzt werden.

Material

Eventuell Flipchart-Kopie in DIN A4

Ich Wünsche Ihnen...
1. Namen ziehen
2. Welches Bild passt zu der Person?
3. Feedback zu zweit
• Ich habe dieses Bild ausgesucht, da...
• Ich wünsche Ihnen...
Ziele: Wertschätzung, Motivation, Inspiration

Ich wünsche Ihnen ...

Kurzbeschreibung

Die Teilnehmenden geben sich zu zweit unter der Zuhilfenahme von Bildern ein letztes Feedback.

Aufbau

Die Trainerin oder der Trainer legt vorbereitend unterschiedliche Bilder (Postkarten etc.) in die Mitte des Stuhlkreises und schreibt zusätzlich die Namen der Teilnehmenden, die auf der einen Seite des Stuhlkreises sitzen, auf kleine Zettel und steckt sie gefaltet in einen Losbehälter. Zum Start der Übung darf die andere Stuhlkreisseite jeweils ein Los ziehen und nimmt dann zu der gezogenen Person Augenkontakt auf. Nun wählen die Paare jeweils ein Bild aus der Mitte, das aus ihrer Sicht zu ihrem jeweiligen Übungspartner bzw. ihrer jeweiligen Übungspartnerin passt. Anschließend geben die beiden sich gegenseitig unter vier Augen über zwölf Minuten Feedback.

Intro

„Sie haben sich im Workshop intensiv kennengelernt. Nun soll es darum gehen, sich ein letztes Feedback zu geben. Ich habe hier ein paar Lose, auf die ich jeweils einen Namen von dieser Hälfte unseres Stuhlkreises notiert habe. Ich möchte nun die andere Hälfte unseres Kreises bitten, jeweils eines zu ziehen, damit Sie wissen, mit wem zusammen Sie diese Übung machen werden." Die Trainerin oder der Trainer verteilt die Lose. *„Bitte geben Sie sich ein kurzes Zeichen ... Perfekt, alle haben sich gefunden. Sie sehen viele Bilder in der Kreismitte. Ihre erste Aufgabe ist es, ein passendes Motiv für Ihren Feedback-Partner auszusuchen. Welches Bild passt Ihrer Meinung nach zu Ihrem Gegenüber?"* Nachdem alle ein Bild ausgesucht haben: *„Zwei Punkte gebe ich Ihnen mit auf den Weg: 1. Bitte übergeben Sie zuerst das Bild und erzählen Sie, warum Sie es sich ausgesucht haben. 2. Starten Sie dann mit Ihrem Feedback. Sie können z.B. mit den Worten ‚Ich wünsche Ihnen…' beginnen. Wenn etwas anderes stimmiger für Sie ist, dann gerne! Sie haben nun 12 Minuten Zeit! Los geht's!"*

Hintergründe

Eine stimmungshebende letzte Übung vor dem eigentlichen Abschluss. Die Methode ist vor allem für längere überbetriebliche Workshops und Führungskräfteentwicklungsprogramme gedacht, da die Teilnehmenden sich über einen längeren Zeitraum erlebt haben sollten.

Tipp

Falls die Gruppe ungerade ist, schreiben Sie einmal zwei Namen auf den Zettel und bilden Sie eine Dreiergruppe.

Material

Papier, Stifte, Losbehälter, Postkarten oder Bilder mit unterschiedlichen Motiven

Reise-
Erinnerungen
M

Reiseerinnerungen

Kurzbeschreibung

Nach einem kurzen Brainstorming präsentieren die Teilnehmenden ihre wichtigsten Erfahrungen, Erkenntnisse und Impulse auf einem Flipchart.

Aufbau

Die Teilnehmenden erhalten die Aufgabe, sich über sieben Minuten im Seitengespräch mit der Nachbarin oder dem Nachbarn über ihre wichtigsten Erfahrungen, Erkenntnisse und Impulse aus dem Workshop auszutauschen und diese auf je einem Post-it zu notieren. Im Anschluss präsentiert jede bzw. jeder seine Notizen am Flipchart und klebt diese an.

Intro

„Andrew McCarthy hat einmal gesagt: ‚Je weiter ich reise, desto näher komme ich an mich heran.' Eine Reise ermöglicht es uns, aus dem Gewohnten herauszukommen und neue Erfahrungen zu sammeln – genau wie bei einem Workshop. Stellen Sie sich unseren Workshop als eine dreitägige Reise vor. Das, was bleibt, sind die wichtigsten Reiseerinnerungen. Diese möchte ich nun am Ende mit Ihnen festhalten. Hierzu teile ich Ihnen gleich Post-its aus, auf denen Sie bitte Ihre wichtigsten Erfahrungen, Erkenntnisse und Impulse notieren, gerne in Form von ein bis zwei Wörtern. Tauschen Sie sich hierzu über sieben Minuten mit Ihrer Nachbarin bzw. Ihrem Nachbarn aus. Danach lassen Sie alle anderen an Ihren Ergebnissen teilhaben und kleben diese Post-its an das Flipchart. Passt so weit? … Dann zur Einteilung und zu den Post-its …"

Hintergründe

Eine schnelle Abschlussmethode, die ein finales, intensives Gespräch ermöglicht. In Verbindung mit dem schriftlichen Fixieren der Ergebnisse wird eine gute Transferbasis in den Alltag geschaffen. Die Notizen der anderen Teilnehmenden bieten dabei zusätzliche Transferideen.

Tipps

- Zur Einteilung der Zweiergruppen gehen Sie einfach in die Mitte des Stuhlkreises und zeigen Sie kurz, wer mit wem im Seitengespräch interagieren soll. Falls eine ungerade Teilnehmerzahl vorhanden ist, bilden Sie eine Dreiergruppe.
- Über die Menge der Post-its, die Sie zur Verfügung stellen, können Sie die Dauer der Übung regulieren.
- Bei größeren Gruppen brauchen Sie viel Platz für die Präsentation der Post-its. Anstelle eines Flipcharts bietet sich dann eine Pinnwand an.

Material

Post-its, Stifte

Erkenntnis to go
1. Falten Sie das Blatt in der Mitte.
2. Schreiben Sie Ihre Workshoperkenntnisse doppelt auf beide Seiten und trennen Sie diese.
3. Geben Sie eine Seite Ihrer rechten Nachbarin bzw. Ihrem rechten Nachbarn.

Erkenntnis to go

Kurzbeschreibung

Die Teilnehmenden schreiben ihre Erkenntnisse aus dem Workshop in zweifacher Ausfertigung auf und schenken das Duplikat ihrer rechten Nachbarin bzw. ihrem rechten Nachbarn.

Aufbau

Alle Teilnehmenden bekommen ein Blatt Papier und einen Stift mit der Aufgabe ausgehändigt, die persönlichen Erkenntnisse aus dem Workshop in Stichworten auf die linke Seite des Blattes zu schreiben. Hierfür stehen sieben Minuten Zeit zur Verfügung. Im Anschluss wird das Geschriebene auf die rechte Seite dupliziert. Hiernach wird das Blatt in der Mitte durchtrennt und die zweite Hälfte dem rechten Nachbarn übergeben.

Intro

„Nach einem intensiven Workshop kommen wir nun zur Abschlussübung. Bitte überlegen Sie, welche Erkenntnisse Sie mitnehmen und schreiben Sie diese auf die eine Hälfte dieses Blattes. Ich teile Ihnen nun Blätter und Stifte aus." Die Utensilien werden verteilt. *„Nun bitte ich Sie, Ihre Erkenntnisse, es können auch wichtige Erfahrungen oder entstandene Vorhaben sein, in Stichpunkten auf die linke Seite zu schreiben. Nehmen Sie sich hierfür sieben Minuten Zeit."* Nach den sieben Minuten: *„Nun duplizieren Sie bitte Ihre Notizen auf die rechte Seite des Blattes und teilen Sie es anschließend in zwei Hälften. Die eine Hälfte ist für Sie selbst bestimmt, die andere schenken Sie Ihrer rechten Nachbarin bzw. Ihrem rechten Nachbarn."* Wenn alle ihr Geschenk erhalten haben: *„Schauen Sie sich Ihr Geschenk gerne erst einmal in Ruhe an ... Dann kommen wir nun zu unserer letzten Runde, in der Sie gerne Ihre eigenen Notizen einfließen lassen können ..."*

Hintergründe

Durch die Methode bekommen die Teilnehmenden die Gelegenheit, Ihre Workshop-Erfahrungen schriftlich zu fixieren und erhalten zusätzlich noch niedergeschriebene Ideen von Ihrem Sitznachbarn. Diese Impulse werden oft sehr wohlwollend angenommen und ergänzen den persönlichen Transfer in besonderer Weise. Die unmittelbaren Nachbarinnen oder Nachbarn sind meist nicht zufällig gewählt und daher eine gute Adresse für die eigenen Impulse.

Tipp

Versehen Sie die Blätter vor dem Austeilen in der Mitte mit einer Linie. So gehen Sie sicher, dass die Methode gut funktioniert.

Material

DIN-A5-Blätter und Stifte für alle Teilnehmenden, evtl. Klemmbretter

Die Alltagsbrücke
1. Was habe ich als Führungskraft in diesem Workshop neu erfahren und gelernt?
2. Was will ich ändern oder angehen? Bitte "Ich-Aussagen".
3. Was sind meine ersten Schritte nach diesem Workshop?
20 Minuten

Die Alltagsbrücke

Kurzbeschreibung

Die Teilnehmenden reflektieren den Workshop anhand von Reflexionsfragen und tauschen sich danach zu zweit während eines Spaziergangs aus.

Aufbau

Jeder Teilnehmende reflektiert für sich 20 Minuten lang den Workshop anhand von drei Leitfragen (siehe Flipchart). Im Anschluss werden Zweiergruppen gebildet, die sich draußen über 30 Minuten beim Spaziergang gegenseitig ihre Ergebnisse vorstellen und von ihrer Partnerin bzw. ihrem Partner Feedback erhalten.

Intro

„Kennt jemand von Ihnen den Herrn der Ringe? ... Es gibt ein Zitat von Bilbo, das ich besonders schön finde: ‚Es ist eine gefährliche Sache, aus der Tür hinaus zu gehen. Du betrittst die Straße, und wenn Du nicht auf Deine Füße achtest, kann man nie wissen, wohin sie dich tragen.' Nun, ich bin froh, dass Sie der Gefahr getrotzt haben und alle in diesen Workshop gekommen sind. Nun kommt der Teil, in dem Sie alle Unwägbarkeiten, Begegnungen und Erlebnisse für sich auswerten. Sie haben nun 20 Minuten Zeit, um zu reflektieren und sich Notizen zu machen. Es geht darum, was Sie erlebt, erfahren und gelernt haben. Was wollen Sie nach dem Workshop ändern oder angehen? Und: Was sind Ihre ersten Schritte? Kennen Sie die 48-Stunden-Regel? Der erste Schritt sollte in diesem Zeitraum liegen. Dann haben Sie eine gute Chance, dass Sie Ihre guten Vorsätze tatsächlich in die Tat umsetzen. Ich habe hier die Fragen für Sie als Kopie. Nach den 20 Minuten treffen wir uns wieder hier im Raum und Sie haben dann die Gelegenheit, sich zu zweit zusammenzutun und draußen, während eines Spaziergangs über 30 Minuten, Ihre Ergebnisse auszutauschen."

Hintergründe

Die Methode bietet sich besonders nach längeren Workshops an. Die Kombination von Selbstreflexion und Austausch zu zweit erhöht die Chance auf einen Transfer der Erkenntnisse und Vorsätze in den Alltag. Der Ortswechsel in die Natur und die Bewegung wirken sich positiv auf das Gespräch aus.

Tipp

Falls aufgrund von Rahmenbedingungen wie Lage, Wetter etc. nicht die Möglichkeit besteht, nach draußen zu gehen, sind Kleingruppen von drei bis vier Personen eine gute Alternative.

Material

DIN-A5-Handout des Flipcharts bzw. der Leitfragen für alle Teilnehmenden

Summary Matrix
Aha
Das war neu für mich
Danke
Daran habe ich mich erinnert
Super
Das werde ich oft nutzen
Joker
Das war besonders interessant

Summary Matrix

Kurzbeschreibung

Die Teilnehmenden bilden Kleingruppen, die zwischen vier thematisch unterschiedlichen Pinnwänden rotieren, und schreiben ihre Gedanken zu verschiedenen Themen auf.

Aufbau

Im Workshop-Raum werden im Vorfeld vier Pinnwände mit jeweils einem Schwerpunkt (siehe Flipchart links) visualisiert. Die Teilnehmenden werden in Kleingruppen eingeteilt und wechseln im Rotationsverfahren im Sechs-Minuten-Takt von Pinnwand zu Pinnwand. Dort tauschen sie sich zum jeweiligen Thema aus und schreiben die persönlichen Gedanken von jeder Person der Kleingruppe in Stichworten auf die Pinnwand. Im Anschluss an die Übung erfolgt eine gemeinsame Betrachtung der Notizen.

Intro

„Zum Abschluss möchte ich gerne mit Ihnen den Workshop reflektieren. Hierfür habe ich vier Pinnwände im Raum mit unterschiedlichen Themen vorbereitet. Einmal: Aha, das war neu für mich. Dann: Danke, daran habe ich mich erinnert. Hier: Super, das werde ich oft nutzen. Und zuletzt: Der Joker, das war besonders interessant für mich. Ich teile Sie gleich in Kleingruppen ein und jede Gruppe versammelt sich vor einer Pinnwand. Dann besprechen Sie bitte in jeweils sechs Minuten das jeweilige Thema und notieren die Gedanken der einzelnen Gruppenmitglieder stichwortartig darauf. Achten Sie bitte auf die Acht-Wochen-Regel: Es ist wichtig, dass Sie Ihre Stichworte so aufschreiben, dass Sie in acht Wochen noch lesbar und verstehbar sind. Haben Sie Fragen? Alle sechs Minuten wird mein Wecker klingeln, bitte gehen Sie dann im Uhrzeigersinn zur nächsten Pinnwand. Nun zur Gruppeneinteilung …"

Hintergründe

Die Methode liefert ein spannendes Rundumbild über die gemachten Erfahrungen und Erkenntnisse im Workshop. Zu beachten ist, dass ausschließlich positive Aspekte abgefragt werden. Deshalb sollte sie auch nur dann durchgeführt werden, wenn sie in die Situation passt.

Tipp

Ab der zweiten Rotation können Sie in der Regel die Zeit etwas kürzen, da bereits viele Gedanken auf den Pinnwänden aufgeführt sind und die Gruppen dadurch schneller ins jeweilige Thema finden.

Material

Pinnwände, Pinnwandpapier, Marker

Workshopgedanken
Das muss ich noch sagen!
Das Beste heute war...
Das gehe ich an!
Das war neu!
Das hat mich überrascht!
Das nehme ich im Besonderen mit!
Ich hätte nie gedacht...
Das hat mich herausgefordert!

Workshop-Gedanken

Kurzbeschreibung

Die Teilnehmenden formulieren anhand vorgegebener Impulse eigene Statements für die Abschlussrunde.

Aufbau

Den Teilnehmenden werden die Aussagen auf dem Flipchart vorgestellt. Sie suchen sich nun zwei bis drei Punkte heraus, zu denen sie reihum etwas sagen möchten. Die Trainerin oder der Trainer notiert die Aussagen stichpunktartig auf Moderationskarten und heftet diese im Anschluss an eine Pinnwand.

Intro

„Nun möchte ich Sie zu einer kleinen Abschlussrunde einladen. Ich habe hier für Sie ein paar Sätze auf das Flipchart geschrieben. Lassen Sie einfach kurz Ihren Blick schweifen und nehmen Sie zwei bis drei Gedanken heraus, um etwas Persönliches dazu zu sagen. Wir gehen reihum. Frau Wagner, haben Sie bereits etwas gefunden? ... Perfekt dann los!"

Hintergründe

Die Abschlussrunde ist natürlich ein Klassiker zum Veranstaltungsende. Das vorbereitete Flipchart mit den Themenimpulsen bietet den Vorteil, dass die Teilnehmenden dadurch mehr Ideen erhalten und es seltener vorkommt, dass jemand sich mit seinem eigenen Statement einfach nur der Vorgängerin bzw. dem Vorgänger anschließt oder bereits Gesagtes wiederholt wird. Auf diese Weise kommt mehr kreative Vielfalt in den Abschluss, sodass alle Teilnehmenden mehr mitnehmen.

Tipps

- Wenn nicht mehr viel Zeit zur Verfügung steht oder die Gruppe sehr groß ist, dann kann sich jede Teilnehmerin bzw. jeder Teilnehmer auch nur einen Punkt heraussuchen.
- Wenn Sie etwas mehr Erfahrung im Bereich Visualisierung haben, können Sie die Statements anstatt auf Moderationskarten auch auf einer großen Pinnwand mitvisualisieren und das Geschriebene mit kleinen Symbolen versehen.

Material

Moderationskarten und Marker, evtl. eine Pinnwand

Na, wie war's?
Eindrücke
Erkenntnisse
resultierende Vorhaben

Na, wie war's?

Kurzbeschreibung

Die Teilnehmenden sprechen mit wechselnden Partnerinnen bzw. Partnern über ihre Workshop-Erfahrungen. Sie stellen dabei die Situation nach, wie sie zu Hause ankommen und einer vertrauten Person von dem Workshop berichten.

Aufbau

Die Teilnehmenden gehen im Workshop-Raum umher und finden immer wieder neue Gesprächspartnerinnen und -partner, mit denen sie die Situation des Nachhausekommens und das erste Gespräch über den Workshop mit einer vertrauten Person, der Lebensgefährtin oder einem guten Freund etc., vorwegnehmen. Der eine Teilnehmer erkundigt sich, wie es auf dem Workshop war, und die andere Teilnehmerin erzählt. Anschließend werden die Rollen getauscht. Wenn beide mit ihrem Bericht fertig sind, kehren sie zurück auf die Fläche und neue Gesprächspaare bilden sich, bis die Trainerin oder der Trainer die Übung beendet.

Intro

„Nun eine kleine Abschlussübung, bei der wir schon einmal zeitlich vorausgreifen. Stellen Sie sich vor, Sie kommen nach Hause und Ihre Partnerin bzw. Ihr Partner fragt: ‚Na wie war's auf dem Workshop?' Ausgehend von dieser Situation gehen Sie bitte im Workshop-Raum umher und finden Sie eine Person, der Sie diese Frage beantworten. Stellen Sie sich zusammen ein Stück zur Seite und erzählen Sie dann nacheinander von Ihren Eindrücken, Erkenntnissen oder resultierenden Vorhaben. Danach begeben Sie sich wieder zurück in die Raummitte und suchen sich neue Gesprächspartnerinnen und -partner, bis ein Zeichen von mir kommt, dass die Übung beendet ist. Haben Sie noch Fragen? Dann gerne die Stühle etwas zurückstellen und wir legen los!"

Hintergründe

Das Darstellen der „After-Workshop-Situation" und die damit einhergehenden Gespräche und Berichte ermöglichen einen sehr authentischen Zugang zu den Veranstaltungsergebnissen. Die Teilnehmenden schauen intensiv auf persönliche Rückschlüsse und werden von den Erzählungen der anderen Teilnehmenden inspiriert.

Tipp

Geben Sie zu Beginn nicht vor, wie lange die Übung dauern soll. Beobachten Sie, wie der Austausch läuft, und wenn Sie das Gefühl haben, dass die Motivation auf dem Höhepunkt ist, läuten Sie das Ende ein.

Meine Workshop-Bilanz

Mit welchen Fragen bin ich gekommen?

Welche Antworten habe ich gefunden? Was ist noch offen?

Was ist mir deutlich geworden? Wo fühle ich mich bestätigt?

An welchen Stellen kann ich mich noch verbessern?

Was möchte ich verändern? Was so lassen?

Wohin will ich mich entwickeln? Woran merke ich die Veränderung?

Wer/was könnte mir helfen? Meine nächsten Schritte?

Worauf freue ich mich nach dem Workshop besonders?

Startenergie

Meine Workshop-Bilanz

Kurzbeschreibung

Eine intensive Reflexions- und Transfermethode, die als Einzelarbeit durchgeführt wird.

Aufbau

Die Teilnehmenden erhalten einen Reflexionsbogen, den jede bzw. jeder für sich innerhalb von 30 Minuten durcharbeitet. Beendet wird die Übung mit einer Abschlussrunde der gesamten Gruppe.

Intro

„Sie als Führungskräfte sind immer wieder gefordert, Erlebnisse und Erfahrungen zu reflektieren, um diese dann bewusst in Ihren Alltag zu integrieren. Nun soll es darum gehen, mit Ihren Erlebnissen aus diesem Workshop zu arbeiten. Lassen Sie mithilfe dieses Reflexionsbogens die vergangenen drei Tage Revue passieren." Die Trainerin bzw. der Trainer teilt den Bogen aus. *„Sie haben gleich 30 Minuten Zeit, um die Fragen auf dem Bogen für sich durchzugehen und schriftlich zu beantworten. Danach führen wir eine Abschlussrunde durch, bei der jede bzw. jeder von Ihnen zu Wort kommt. Sie können uns dabei so viel mitteilen, wie es für Sie passt und stimmig ist. Schauen Sie sich bitte kurz die Fragen an, ob so weit alles für Sie verständlich ist. ... Passt alles? ... Dann suchen Sie sich nun bitte einen ruhigen Platz für sich allein. Wir sehen uns um 16:00 Uhr wieder hier im Workshop-Raum."*

Hintergründe

Mit dieser Übung bekommt jede bzw. jeder Einzelne die Möglichkeit, für sich Bilanz zu ziehen und nächste Schritte zu planen. Um auch sehr persönlichen Themen Raum zu geben, wird hier bewusst auf den Austausch zu zweit oder in der Kleingruppe verzichtet. Die Methode bietet sich insbesondere für längere Workshops an, in denen intensiv auf der persönlichen Ebene gearbeitet wurde.

Tipp

Bleiben Sie als Trainerin bzw. Trainer in der Nähe der Teilnehmenden. Manchmal braucht jemand Unterstützung.

Material

Arbeitsblätter, Stifte, evtl. Klemmbretter

Workshopwege
Skizzieren Sie Ihren Weg durch den Workshop auf einem Flipchart.
20 Minuten
Vorstellung in Kleingruppen

Workshop-Wege

Kurzbeschreibung

Die Teilnehmenden skizzieren ihren eigenen Prozess, den sie während des Workshops durchlaufen haben, auf einem Flipchart und stellen diesen in Kleingruppen vor. Danach folgt ein Abschlussblitzlicht in der Gesamtgruppe.

Aufbau

Die Trainerin bzw. der Trainer stellt, z.B. unter der Zuhilfenahme von Bildkarten, den gesamten Workshop-Prozess (Übungen, Inputs, Vorträge etc.) dar. Danach erhalten alle Teilnehmenden ein leeres Flipchart mit der Aufgabe, die für sie wichtigsten Stationen des Workshops zu beschreiben. Es stehen 20 Minuten Zeit zur Verfügung. Im Anschluss erfolgt ein Austausch über weitere 20 Minuten in einer Kleingruppe. Zuletzt findet eine Abschlussrunde im Plenum statt.

Intro

„Unser Workshop neigt sich langsam dem Ende zu, und es geht in der folgenden Übung darum, ihn Revue passieren zu lassen. Lassen Sie uns zunächst darauf schauen, was wir heute alles gemeinsam erlebt haben …“ Im Folgenden beschreibt die Trainerin bzw. der Trainer die verschiedenen Stationen des Tages und pinnt für die unterschiedlichen Stationen je eine Bildkarte an eine Pinnwand. *„So viel zu unserem gemeinsamen Tag. Nun habe ich für jeden Einzelnen von Ihnen bereits ein Flipchart und verschiedene Marker bereitgelegt. Sie haben nun die Aufgabe, die für Sie wichtigsten Aspekte zum Workshop zu skizzieren. Ergänzen Sie Ihre Aufzeichnungen gerne mit einigen Anmerkungen zu Ihren Erkenntnissen oder Impulsen, die Sie mitnehmen. Dafür haben Sie insgesamt 20 Minuten Zeit. Wichtig ist, dass es bei Ihrer Darstellung vor allem auf den Inhalt und nicht auf die Optik ankommt! Wenn Sie fertig sind, präsentieren Sie Ihr Ergebnis in Kleingruppen, in die ich Sie dann einteile. Zum Schluss führen wir eine gemeinsame Abschlussrunde durch. Haben Sie Fragen? Dann starten wir nun.“*

Hintergründe

Eine herrliche Methode, die durch das Visualisieren am Flipchart an Spannung und Intensität gewinnt. Besteht die Gruppe maximal aus sechs Teilnehmenden, können Sie die Vorstellung in der Kleingruppe weglassen und direkt das Plenum nutzen.

Tipp

Um die erstellten Flipcharts der Teilnehmenden wertzuschätzen, können Sie diese vor der Abschlussrunde im Raum aufhängen.

Material

Flipcharts und Marker (in verschiedenen Farben) entsprechend der Anzahl der Teilnehmenden, evtl. Bildkarten

4. Kapitel

Online-Methoden

In diesem Kapitel

Zahlreiche der in diesem Buch beschriebenen Präsenzmethoden lassen sich sehr einfach in den digitalen Raum übertragen. Um nicht unnötig Methodenbeschreibungen zu wiederholen, sind im Folgenden nur von den Übungen digitale Varianten beschrieben, bei denen es zusätzliche Ideen zur Online-Durchführung braucht.

Es gibt einige Übungen, die online nicht sinnvoll oder nicht durchführbar sind. Diese befinden sich hauptsächlich in dem Kapitel „Führung erleben und reflektieren". Aufgrund der notwendigen Interaktionen sollten diese Übungen auf jeden Fall in Präsenz durchgeführt werden, eine Online-Variante ist hier nicht zielführend.

Es gibt in der digitalen Welt einige, sehr hilfreiche Zusatzprogramme für Online-Workshops, -Seminare und -Coachings. Da das Angebot einem stetigen Wandel unterworfen ist, habe ich diese nicht in das Buch aufgenommen und mich auf Basisfunktionen beschränkt, die alle mir bekannten Anbieter von Online-Konferenzen bieten. Ich lade Sie dennoch ein, hier am Ball zu bleiben. Es lohnt sich.

Workshop-Einstieg

Kennenlernen arrangieren

Einstiegsdialoge (siehe S. 29)

Eine Möglichkeit besteht darin, den Teilnehmenden das Flipchart im DIN-A4-Format im Vorfeld als Papiervorlage zuzusenden, z.B. im Rahmen eines kleinen „Begrüßungspakets". Es besteht jedoch die Gefahr, dass im Workshop dann doch nicht alle Personen das Papier zur Hand haben. Daher finde ich es persönlich praktischer, eine digitale Form zu verwenden (vorher zusenden), sodass die Teilnehmenden sich gegenseitig über insgesamt 30 Minuten in Arbeitsräumen interviewen können. In der darauffolgenden Plenumsrunde präsentiert jede Interviewerin bzw. jeder Interviewer, je nach Gruppengröße, ein bis drei Punkte aus dem Gespräch.

Würfeldynamik (siehe S. 31)

Die PowerPoint-Vorlage kann zur Vorstellung der Methode genutzt werden. Um sicherzustellen, dass die Teilnehmenden und nicht das Flipchart visuell im Vordergrund stehen, schreibt die Trainerin oder der Trainer die Fragen (siehe Flipchart) im Anschluss in den Chat und erwürfelt anschließend die Fragen für jeden Teilnehmenden. Es bietet sich an, mit zwei Kameras zu arbeiten, um das Würfelergebnis für die Teilnehmenden bildlich darstellen zu können.

Memory (siehe S. 33)

Die Teilnehmenden schreiben ihre zwei Fragen per Chat direkt an die Trainerin oder den Trainer. Dieser oder diese hat Lose mit den Teilnehmernamen angefertigt, die nacheinander gezogen werden. Nach der im Chat gegebenen Reihenfolge werden pro Teilnehmenden nacheinander zwei Fragen gestellt.

Unser Workshop-Einstieg (siehe S. 37)

Die Teilnehmenden besprechen sich in Arbeitsräumen und stellen ihre Ergebnisse im Plenum vor. Nach der Vorstellungsrunde erhalten sie den Auftrag, ihre Erwartungen, z.B. auf einem digitalen Whiteboard, zu visualisieren. Je nach Möglichkeiten werden die Stichworte durch die Trainerin bzw. den Trainer geclustert. Abschließend erfolgt der Abgleich mit der Agenda.

Dynamische Dialoge (siehe S. 39)

Die Teilnehmenden werden von der Trainerin bzw. dem Trainer – wie in Präsenz – immer wieder in neuen Kleingruppen zusammengebracht, schreiben nach dem letzten Zusammenkommen ihre erarbeiteten Erwartungen in den Chat oder auf ein Whiteboard und stellen diese dann vor.

Check-in (siehe S. 41)

Nachdem die Teilnehmenden aus den digitalen Arbeitsräumen wieder zurück im Plenum sind und sich nacheinander zu den gegebenen Punkten äußern, visualisiert die Trainerin bzw. der Trainer die ausgedrückten Erwartungen simultan auf einem Flipchart mit.

Emojis (siehe S. 43)

Die Trainerin oder der Trainer nutzt die Emoji-Folie (siehe Online-Ressourcen). Die Teilnehmenden bekommen zu Beginn die Aufgabe, ihren Namen neben das ausgewählte Emoji zu schreiben. Das weitere Vorgehen erfolgt wie in Präsenz.

Fokussierung ermöglichen

Zukunftsblicke (siehe S. 47)

Die Zweierteams besprechen sich in Arbeitsräumen und jede Teilnehmerin bzw. jeder Teilnehmer macht sich eigene Notizen. Danach werden die Teilnehmenden eingeladen, ihre Erwartungen direkt auf das digitalisierte Flipchart zu schreiben. Im Anschluss stellen alle nacheinander ihre Punkte vor. Danach werden diese gemeinsam geclustert und die Ergebnisse mit der Agenda verglichen.

Perspektiven (siehe S. 49)

Die Teilnehmenden besprechen sich in separaten Arbeitsräumen. Innerhalb dieser wählt die Gruppe eine Moderatorin oder einen Moderator aus, um die persönlichen Lernziele von jeder Person digital, z.B. in Word, zu dokumentieren. Zurück im Plenum erfolgen Kleingruppenpräsentationen, in denen die jeweiligen Notizen in den Fokus gestellt werden.

Speed Triade (siehe S. 51)

Bei der Online-Variante ist es wichtig, dass Sie eine digitale Plattform haben, die eine Rotation ermöglicht, sodass die Kleingruppen nach ihrem Wechsel auf den Ergebnissen der Vorgruppen aufbauen können. Dann kann diese analog zur Präsenzvariante stattfinden.

Themeneinstieg zelebrieren

Walk & Talk (siehe S. 55)

Analog zur Präsenzübung besprechen sich die Zweierteams in Arbeitsräumen und notieren ihre Themen. In einer anschließenden Plenumsrunde stellen sie ihre Anliegen vor.

Positives Spekulieren (siehe S. 57)

Das gegenseitige Erleben und Kennenlernen braucht bei einem digitalen Austausch mehr Zeit als bei einer Veranstaltung in Präsenz, da wichtige nonverbale Elemente, wie z.B. die Körpersprache, nicht einfließen können. Daher ist es sinnvoll, diese Methode eher in der Mitte oder am Ende von längeren Workshop-Reihen einzusetzen. Achten Sie auf das eigene Bauchgefühl, um zu beurteilen, ob die Zeit schon reif für diese Übung ist. Die Methode wird in virtuellen Arbeitsräumen durchgeführt.

Führungsinspirationen (siehe S. 59)

Hier wird, wie auch in Präsenz, in Kleingruppen diskutiert. Im Anschluss werden die Führungsqualitäten im Plenum je nach Möglichkeiten, z.B. auf einem Whiteboard, gesammelt.

Mein Bild von Führung (siehe S. 61)

Im Vorfeld der Veranstaltung wird den Teilnehmenden bekannt gegeben, welche Materialien für den Workshop benötigt werden. Für diese Übung wäre das ein weißes Blatt Papier im DIN-A4-Format. Die Teilnehmenden zeichnen ihr Bild auf das Blatt und halten es nach 10 Minuten nacheinander in die Kamera. Die Trainerin oder der Trainer kann diese bei Bedarf mit Screenshots für das Protokoll dokumentieren. Alternativ können die Teilnehmenden ein Foto ihres Kunstwerks anfertigen und es der Trainerin oder dem Trainer per E-Mail für das Protokoll zusenden.

Für den Fall, dass einige Teilnehmende das gewünschte Material nicht zur Hand haben, kann auf folgende Alternative zurückgegriffen werden: Die Personen werden aufgefordert, anstatt des Bildes einen Gegenstand aus ihrer

Umgebung passend zum Thema zu suchen und diesen anschließend vor der Kamera zu präsentieren.

Führungstipps (siehe S. 63)

Die Teilnehmenden besprechen sich zu zweit in Arbeitsräumen und präsentieren im Plenum ihre Ergebnisse, z.B. auf einem digitalen Whiteboard.

Führungsperspektiven (siehe S. 65)

Den Teilnehmenden wird die PowerPoint-Folie mit den Führungsperspektiven (siehe Online-Ressourcen) im Vorfeld zugesandt. Während der Übung nutzen sie digitale Arbeitsräume und ernennen eine Person für die Moderation. Diese schreibt die Diskussionsinhalte für alle sichtbar nach individuellen Vorlieben auf der erhaltenen Folie mit. Die Aufzeichnungen werden anschließend nacheinander im Plenum durch die Kleingruppen vorgestellt und z.B. über einen Screenshot durch die Trainerin bzw. den Trainer dokumentiert.

Die Situation klären

Let's talk about Needs (siehe S. 73)

In der Online-Variante teilt die Trainerin bzw. der Trainer, analog zur Präsenzmethode, die Teilnehmenden zu zweit ein und sendet sie in Kleingruppenräume.

Die 9 Rollen einer Führungskraft (siehe S. 75)

Wie in der Präsenzvariante erfolgt zuerst ein Brainstorming im Plenum mit der Simultanvisualisierung durch die Trainerin oder den Trainer auf einer vorbereiteten Folie. Daran schließt sich der Input zu den neun Rollen der Führungskraft an. Im Anschluss erfolgt die Aufstellungsarbeit unter Einbeziehung der PowerPoint-Folie (siehe Online-Ressource). Hier wird, analog zur Präsenzvariante, mit den drei Fragestellungen weitergearbeitet:

- Was ist meine Lieblingsrolle?
- In welcher Rolle würde ich mich gerne weiterentwickeln?
- Welche Rolle mag ich überhaupt nicht?

Die Trainerin bzw. der Trainer beginnt mit der ersten Frage und lässt die Teilnehmenden das Bild der entsprechenden Rolle, z.B. mit einem Stempel oder ihrem Namen (je nach digitalen Möglichkeiten), markieren. Es folgt ein Dialog mit und zwischen den Teilnehmenden. In dieser Form wird mit den anderen beiden Fragestellungen weitergearbeitet. Die Methode wird in der Gesamtrunde beendet, bei der alle Teilnehmenden noch etwas Abschließendes zu der Übung sagen können.

Die Zeitmaschine (siehe S. 79)

Der Flipchart wird den Teilnehmenden im Vorfeld als PDF-Dokument zugesandt (siehe Online-Ressource). Für die Einzelreflexion (Auseinandersetzung mit dem Zukunftsszenario) werden die Teilnehmenden eingeladen, den Platz in ihren aktuellen Räumlichkeiten zu wechseln. Hierfür können sie sich das PDF ausdrucken oder mit dem Smartphone ein Foto anfertigen. Im Anschluss besprechen sich die Teilnehmenden maximal zu dritt in Kleingruppenräumen. Die Übung wird durch eine Plenumsrunde und Diskussion abgeschlossen, in der die einzelnen Teilnehmenden sich so weit einbringen können, wie sie das persönlich möchten.

Einblicke (siehe S. 81)

Bild und Flipchart können den Teilnehmenden im Vorfeld als PDF-Dokument zugesandt werden, sodass ihnen die Fragen während des weiteren Austauschs zur Verfügung stehen. Die Methode ist leicht online anwendbar, da die Teilnehmenden in digitalen Kleingruppenräumen arbeiten können.

Wenn der Workshop überbetrieblich ist und die Teilnehmenden sich nicht über den Workshop hinaus kennen, starte ich die Übung auch online gerne so, dass ich als Trainer den ersten Schritt mit der Gruppe gemeinsam mache. Hierfür wird das Bild in den Fokus geholt und die Teilnehmenden markieren, je nach technischen Möglichkeiten, ihre ausgewählte Stelle auf dem Bild. Anschließend beschreibe ich die markierten Stellen und versuche dabei, ohne Bewertung auf die Vielfalt der Möglichkeiten, die die einzelnen Bildausschnitte bieten, einzugehen. Anschließend gehen die Teilnehmenden (ohne weitere Plenumsdiskussion) in ihre Arbeitsgruppen. Bei verschiedenen digitalen Anbietern ist es möglich, die Trainerin oder den Trainer aus den digitalen Kleingruppenräumen zur Unterstützung zu rufen bzw. sie via Chat-Nachricht um Hilfe zu bitten. Hierauf sollte bei dieser Methode hingewiesen werden, da gelegentlich Fragen auftauchen. Alternativ kann auch eine E-Mail-Adresse der Trainerin oder des Trainers zur Verfügung gestellt werden, die die Teilnehmenden bei Rückfragen nutzen können.

In Kontakt gehen

Small Talk für Führungskräfte (siehe S. 87)

Online-Meetings und -Workshops beinhalten einen völlig anderen Rahmen als Präsenzveranstaltungen und fordern von Führungskräften angepasste Small-Talk-Strategien. Zum Start der online durchgeführten Übung können Sie, genau wie bei der Präsenzmethode, Ideen zur Umsetzung von Small Talk sammeln, z.B. auf einem Whiteboard. Hier können Sie die Gruppe zusätzlich sensibilisieren, ob es einen Unterschied gibt, wenn der Small Talk bei Präsenzveranstaltungen oder in digitalen Räumen durchgeführt wird.

Im Anschluss an das Brainstorming können Sie z.B. die Situation nachspielen, wie vor dem Start des Meetings nach und nach Mitarbeiterinnen und Mitarbeiter online eintrudeln und die Führungskraft immer mehr Mitarbeitende in die Kontaktanbahnung einbindet. Hierfür schalten die Teilnehmenden ihre Kamera aus und nach und nach wieder an. Ebenso können Sie eine Online-Weihnachtsfeier mit ihren Teilnehmenden nachspielen.

Der Kommunikationswirbel (siehe S. 91)

In der Online-Variante werden die Teilnehmenden zu unterschiedlichen Gesprächsaufträgen in digitale Kleingruppenräume gebracht und in jeder Runde neu gemischt.

Der größte Unterschied zu Präsenzveranstaltungen ist, dass man sich online zum einen nicht berühren kann und sich zum anderen – was noch mehr von Bedeutung ist – meistens nicht in die Augen schaut (der Blick ruht in der Regel auf dem Bild des Gegenübers und nicht in Richtung Kamera). Es stellt sich die Frage, ob es erstrebenswert ist, den Blick in Richtung Kamera zu fokussieren, da man dann auch weniger von der Mimik und Gestik des Gegenübers mitbekommt. Aber es lohnt sich auf jeden Fall, hiermit zu experimentieren.

Um eine Möglichkeit zu bieten, den Blick in die Kamera zu unterstützen, können Sie vorab den Teilnehmenden einen anklebbaren Smiley zusenden, den diese dann im ersten Gesprächsauftrag möglichst nahe an der Linse der eigenen Kamera anbringen. Im Folgenden einige Kommunikationsaufträge, die sich für die Online-Variante eignen:

1. *„Schauen Sie während der ersten Minute ihr Gegenüber im Gespräch nur auf dem Bildschirm an. Wechseln Sie nach einer Minute selbstständig zum durchgehenden Blick in die Kamera, wenn Sie sprechen. Kleben Sie als Hilfestellung den Smiley, den Sie im Vorfeld zugesandt bekommen haben, möglichst nahe an Ihre Kamera.*
2. *Unterhalten Sie sich in der ersten Minute mit der Kamera auf Halshöhe. Stellen Sie diese selbstständig in der zweiten Minute auf Augenhöhe ein. Wenn Sie einen Laptop nutzen, können Sie diesen mit einem Karton, Aktenordner oder Büchern so erhöhen, dass Sie mit Ihrer Kamera auf Augenhöhe sind.*
3. *Rücken Sie näher an den Bildschirm und weiter weg.*
4. *Sprechen Sie lauter und leiser.*
5. *Sprechen Sie schneller und langsamer.*
6. *Beide reden gleichzeitig (hier reichen 30 Sekunden).*
7. *Beide reden nacheinander aber jeder erzählt seine Geschichte und bezieht sich nicht auf die Sätze des Gegenübers.*
8. *Beide beziehen sich am Anfang ihres Monologes kurz auf die Äußerungen der Gesprächspartnerin bzw. des Gesprächspartners, bewerten das Gesagte, erzählen dann aber ihre Geschichte weiter.*
9. *Reden Sie absolut aneinander vorbei. Beide erzählen etwas Spannendes von sich und gehen nicht auf das Gesagte Ihres Gesprächspartners ein.*

10. Nun möchten Sie Ihr Gegenüber von Ihrem Thema überzeugen. Sie dürfen nachgeben, wenn ihr Gegenüber Sie tatsächlich umgestimmt hat."

Das ICH-Syndrom (siehe S. 95)

Die Teilnehmenden erleben die Übung zu zweit in digitalen Kleingruppenräumen und werden nach zwei Minuten, wenn keine Fragen vorhanden sind, neu zugeteilt. Danach wird im Plenum reflektiert.

Feedback-Experimente (siehe S. 97)

Im Online-Setting werden ebenso Feedbacks in Vierergruppen durchgeführt. Das Experimentieren bezieht sich allerdings auf die Möglichkeiten und Grenzen von Online-Feedbacks.

Mein Führungsstil (siehe S. 101)

Diese Übung ist online nicht möglich, da die Position „erfühlt" werden muss – und das geht nur in physischer Präsenz.

Wertschätzung im Führungsalltag (siehe S. 103)

Die Teilnehmenden unterhalten sich über sieben Minuten zu zweit in digitalen Kleingruppenräumen über die ersten beiden Fragen, die auf dem Flipchart dargestellt sind. Im Anschluss wird auf einer gemeinsamen Folie die Frage „Wie bringe ich als Führungskraft Wertschätzung zum Ausdruck?" bearbeitet. Hierfür schreiben alle Teilnehmenden ihre Ideen gleichzeitig auf. Im darauffolgenden Dialog werden diese durchgesprochen und weitere Einfälle notiert. Die Wertschätzungsrunde erfolgt nach einer von der Trainerin oder dem Trainer festgelegten Reihenfolge im Chat, beginnend mit einem eigenen Beispiel.

Sandwich-Führung (siehe S. 107)

Die Methode kann analog zur Präsenzvariante durchgeführt werden. Das Sammeln der Tipps erfolgt z.B. über ein digitales Whiteboard.

Das Motivationshaus (siehe S. 111)

Sie stellen zunächst das Motivationshaus vor. Während in Präsenz jedes Gruppenmitglied im Anschluss für sich sein Verhältnis zu einem Mitarbeitenden durchgeht, ist es online sinnvoller, die Teilnehmenden zu zweit in den Austausch zu schicken, um sich die Gedanken zu jeweils einem ausgesuchten Mitarbeitenden gegenseitig mitzuteilen. Hierfür reichen insgesamt 20 Minuten, demnach 10 Minuten pro Person. Die anschließende Bepunktung lässt sich online z.B. über ein Stempeltool umsetzen.

Dobbels (siehe S. 115)

Als Online-Variante bietet sich ein Medienwechsel an. Lassen Sie die Teilnehmenden miteinander telefonieren. Hierbei können sie sich je nach persönlichem Bedürfnis auf der Couch lümmeln oder eine Runde spazieren gehen. Die zugelosten Paare treffen ihre Absprache bezüglich der Zusammenarbeit und gegebenenfalls zum Austausch von Telefonnummern in einem Kleingruppenraum, den sie alternativ ebenso nutzen können.

Führung erleben und reflektieren

Die beschriebenen aktionsorientierten Methoden sind online nicht durchführbar. Es gibt allerdings stetig neue Angebote im Gaming-Bereich oder auf Lernplattformen, die gemeinsame Aufgaben und auch Führungsaktionen ermöglichen. Da bei diesen Interaktionsmöglichkeiten der unmittelbare Austausch nicht gegeben ist, habe ich diese Formen bislang noch nicht angewendet. Es ist aber sicher sinnvoll, die weiteren digitalen Entwicklungen zu beobachten.

Performance weiterentwickeln

Wirkungsmittel der Führung (siehe S. 161)

Die Trainerin bzw. der Trainer vermittelt den Teilnehmenden anhand einer PowerPoint-Folie die drei Säulen der Kommunikation. Anschließend gehen die Teilnehmenden zu zweit in Kleingruppenräume mit der Aufgabe, konkrete Ideen für ein gelungenes Auftreten zu sammeln. Sie notieren ihre Ergebnisse digital und kopieren sie danach z.B. in den Chat, sodass die Trainerin oder der Trainer die erarbeiteten Inhalte auf eine gemeinsame Folie bringen kann.

Etwas Nonsens (siehe S. 165)

Die Teilnehmenden halten ihre Reden in Kleingruppenräumen. Der Aufbau erfolgt online genau wie in Präsenz: Zunächst treffen die Teilnehmenden sich zu zweit, dann zu viert und zum Schluss in der großen Runde. Da die Teilnehmenden ihre Redethemen nicht ziehen können, gibt die Trainerin oder der Trainer vor jeder neuen Runde ein Thema für alle aktuellen Rednerinnen und Redner in den Gruppen vor. Geben Sie den Hinweis, dass die Rednerinnen und Redner, wenn es geht, für die Dauer ihrer Rede aufstehen.

Storytelling (siehe S. 169)

Auch digital haben die Teilnehmenden 40 Minuten Zeit, um eine Kurzpräsentation zu entwickeln. Der Trainer bzw. die Trainerin muss bei der Online-Variante keine Geschichten zur Verfügung stellen, die Teilnehmenden können selbst im Internet nach entsprechendem Material recherchieren. Sie können als zusätzliche Hilfestellung einige Links, z.B. im Chat, zur Verfügung stellen. Ansonsten kann die Übung analog zur Präsenzvariante durchgeführt werden.

Die Macht der Rede (siehe S. 171)

Auch bei der Online-Variante erhalten die Teilnehmenden insgesamt 30 Minuten Zeit und treffen nach den ersten 15 Minuten im digitalen Kleingruppenraum auf ihre Gesprächspartnerin oder ihren Gesprächspartner. Es ist sinnvoll, dass die Zweiergruppen schon direkt zu Beginn der Übung in die Kleingruppenräume wechseln.

Je nach Videoplattform kann die Rede der Einzelnen vor der gesamten Gruppe aufgenommen und gemeinsam angeschaut werden. Die Trainerin oder der Trainer schreibt allgemeine Erkenntnisse im Feedback und Gesprächsprozess separat mit und geht diese zum Abschluss mit den Teilnehmenden noch einmal durch. Gegebenenfalls gibt es hier Ergänzungen der Teilnehmenden.

Meetings moderieren

Schreibwerkstatt (siehe S. 179)

Die Teilnehmenden erhalten im Vorfeld vorliniertes DIN-A4-, besser noch DIN-A3-Papier, und einen Marker. Im Online-Workshop üben sie ihr Schriftbild auf dem erhaltenen Papier. Dazu können sie sich selbst Zitate o.Ä. aus dem Netz suchen. Als Unterstützung kann die Trainerin bzw. der Trainer verschiedene Links von Zitatsammlungen in den Chat stellen.

Meine Erfahrungen mit Moderationen (siehe S. 181)

Die Teilnehmenden sammeln in kleinen Teams in digitalen Kleingruppenräumen Ideen zu den Dos und Don'ts der Moderation und stellen diese dann im Plenum vor. Alternativ können die Kleingruppen auf einer gemeinsamen Plattform mit unterschiedlichen (Gruppen-)Farben auf derselben Folie ihre Ergebnisse notieren. Bei dieser Variante gibt es weniger Dopplungen und die Gruppen inspirieren sich gegenseitig. Durch die unterschiedlichen Farben kann, wenn alle zurück im Plenum sind, eine strukturierte Präsentation der Ergebnisse stattfinden.

Proxemische Gedanken (siehe S. 183)

Hier ist keine Online-Variante möglich.

Methodenspektakel (siehe S. 187)

Bei der Online-Variante sammeln die Teilnehmenden, wie auch bei einer Präsenzveranstaltung, in Kleingruppen bereits bekannte Methoden. Zu Beginn der Arbeit wird eine Person gewählt, die die Vorschläge dokumentiert. Anschließend stellt die Gruppe ihre Ergebnisse im Plenum vor. Bei der Online-Variante können die Kleingruppen zu jeder Methode einen erklärenden Satz hinzufügen und somit eine noch nachvollziehbarere Sammlung entwickeln. Im Anschluss senden alle Kleingruppen ihre Arbeitsergebnisse per E-Mail an die Trainerin oder den Trainer.

Meetings gestalten (siehe S. 189)

In der Online-Variante erstellen die Kleingruppen gemeinsam, z.B. an einem Whiteboard, ein Konzept und präsentieren dieses nach 30 Minuten vor der gesamten Gruppe.

Moderation live (siehe ab S. 190)

Die vorgestellten Präsenz-Methoden sind sehr gut auf eine Online-Veranstaltung übertragbar. Ein Inhouse-Workshop sollte mit der gleichen Software durchgeführt werden, mit der die Mitarbeitenden der Firma auch in ihrem regulären Arbeitsalltag arbeiten. Es ist daher sinnvoll, im Vorfeld zu eruieren, welche Software und Zusatz-Tools innerhalb der jeweiligen Firma für Online-Moderationen genutzt werden. Hier gibt es viele sehr gute Anbieter und Produkte, die sich, wie auch der gesamte Markt, stetig weiterentwickeln. Da allgemeingültige Beschreibungen schwierig sind, wird an dieser Stelle auf weitergehende Erläuterungen verzichtet. Sie können für digitale Workshops die zum Buch gehörenden PowerPoint-Folien nutzen, die über die Online-Ressourcen zum Download bereitstehen.

Life-Balance beachten

Meine Baustellen (siehe S. 221)

Den Teilnehmenden werden die Flipcharts in Papierform (DIN A4) im Vorfeld der Veranstaltung zugesendet. Während der Einzelarbeit werden diese von allen ausgefüllt. Im Anschluss können Sie, je nach Gruppensituation (siehe Punkt: Hintergründe), die Teilnehmenden z.B. nach ihrer größten Erkenntnis fragen, und wer möchte, kann ein paar allgemeine Gedanken mit der Gruppe teilen.

Palast der Zufriedenheit (siehe S. 225)

Die Teilnehmenden benötigen weißes DIN-A4-Papier und werden, wie in der Präsenzvariante auch, nach der Vorstellung des Modells „Palast der Zufriedenheit“ eingeladen, ihren Palast nach ihren Vorstellungen aufzuzeichnen und sich dazu weitere Notizen zu machen. Wer möchte, kann im Anschluss seine Erkenntnisse der gesamten Gruppe vorstellen.

Der perfekte Tag (siehe S. 229)

Die Teilnehmenden arbeiten zu zweit in digitalen Kleingruppenräumen. In der Online-Variante schreibt jeder seinen Tag selbst auf, da es für viele Teilnehmende heikel sein kann, dass persönliche Daten auf dem Computer des anderen dokumentiert werden. Der Gesprächspartner denkt mit, fragt nach und gibt Impulse. Ansonsten folgt die digitale Methode der analogen.

Dem Stress auf der Spur (siehe S. 231)

Die Teilnehmenden arbeiten zu dritt in digitalen Kleingruppenräumen und machen sich individuell zu ihren Stressfaktoren eigene Notizen. Um in der darauffolgenden Plenumsdiskussion möglichst viel von den Teilnehmenden wahrzunehmen, lohnt es sich, als Trainerin oder Trainer in der Galerieansicht zu bleiben und nicht mit einem digitalen Whiteboard etc. zu arbeiten. Die Trainerin oder der Trainer kann Ergebnisse aus der Plenumsdiskussion auf einem Flipchart bei sich vor Ort notieren und dieses zum Abschluss der Übung in den Vordergrund holen.

Herr Silberfuß (siehe S. 235)

Auch online erfolgt zunächst ein Vortrag über die drei Wege zur individuellen Stressbewältigung und darauffolgend die Geschichte von Herrn Silberfuß (siehe S. 235 ff., Intro). Anschließend besprechen die Teilnehmenden über 30 Minuten zu viert in digitalen Kleingruppenräumen konkrete Bewältigungsstrategien für Herrn Silberfuß und notieren diese digital. Zum Abschluss stellen die Kleingruppen ihre Ideen der gesamten Gruppe vor.

Atementspannung (siehe S. 239)

Sie können digital ebenso mit dem Introtext arbeiten. Lassen Sie die Teilnehmenden ihre Kamera ausschalten und geben Sie genug Zeit und Gelegenheit, dass sie den Ton so einstellen, dass er passt und Sie angenehm zu hören sind. Gerade online ist diese Methode eine gelungene Abwechslung. Es bietet sich an, nach der Atementspannung ein paar Bewegungsübungen anzuleiten oder eine Pause zu machen, in der die Teilnehmenden aufstehen und wieder in Schwung kommen.

Handlungsspielräume (Einfluss- und Interessenbereich) (siehe S. 243)

Die Teilnehmenden notieren, wie auch in der Präsenzvariante, zum Start ihre persönlichen Herausforderungen und Probleme mittels Word, PowerPoint etc. Nach der Modellvorstellung besprechen sie zu zweit in Kleingruppenräumen die Zuordnung der einzelnen Aspekte in Einfluss- und Interessenbereich für jeweils 20 Minuten. Sie können ihr Dokument für die Gesprächspartnerin bzw. den Gesprächspartner freigeben und dann die Punkte entsprechend ihrer Zuordnung farblich markieren.

Es gibt mittlerweile diverse Online-Tools, in denen die Teilnehmenden im Rahmen des Dialogs mit den Kleingruppenpartnern digitale Moderationskarten in zwei von der Trainerin oder dem Trainer vorbereitete Felder schieben können. Es besteht jedoch die Gefahr, dass bei der Anwendung die Plattform bzw. der Umgang mit der Technik in den Vordergrund rücken und nicht mehr die inhaltlichen Punkte der Gruppenmitglieder. Deshalb bevorzuge ich persönlich die erste Variante.

Ressourcenpool (siehe S. 247)

Die Teilnehmenden sammeln in digitalen Kleingruppenräumen im Dialog ihre Ressourcen. Nach zehn Minuten schreiben alle Teilnehmenden im Plenum ihre Ergebnisse auf ein gemeinsames Whiteboard o.Ä. Im Anschluss bittet die Trainerin oder der Trainer alle Teilnehmenden, sich mindestens eine Karte mit etwas Neuem auszusuchen und diese vorzustellen.

Workshop-Ausstieg

Revue passieren lassen

Museumsgeflüster (siehe S. 255)

Die Trainerin oder der Trainer bietet den Teilnehmenden eine digitale Plattform, auf der alle wichtigen Workshop-Inhalte übersichtlich dargestellt sind. Je nach digitalen Möglichkeiten bietet sich z.B. ein kollaboratives Whiteboard an, auf dem alle Teilnehmenden abgelegte Folien etc. individuell anschauen können. Danach folgen Gespräche in digitalen Kleingruppenräumen.

Unser Workshop-Tagebuch (siehe S. 257)

Digital können Sie eine vorbereitete Folie fortwährend mit durchgeführten Einheiten ergänzen. Online ist besonders praktisch, dass Sie Arbeitsergebnisse, Bilder, Screenshots etc. mit wenigen Handgriffen in diese einbinden können.

Transfer und Abschluss komponieren

Führungsqualitäten (siehe S. 261)

Die Online-Variante erfolgt analog zur Präsenzmethode.

Ich wünsche Ihnen ... (siehe S. 263)

Die Trainerin oder der Trainer teilt die Teilnehmenden in Zweiergruppen ein. Dann wird ihnen, je nach technischen Möglichkeiten, eine Bildauswahl auf einer individuell zugänglichen Online-Plattform zur Verfügung gestellt. Alternativ können die Teilnehmenden auch eine Bildersuchmaschine im Internet nutzen. In der zweiten Variante können Sie Suchbegriffe wie Türen, Hunde, Landschaften etc. vorgeben. Im Anschluss sind die Teilnehmenden zu zweit in digitalen Kleingruppenräumen und können sich gegenseitig die ausgesuchten Bilder zeigen und sich Feedback geben.

Reiseerinnerungen (siehe S. 265)

In der Online-Variante können Sie die Teilnehmenden bitten, im Austausch zu zweit eine gemeinsame Folie mit ihren Reiseerinnerungen zu gestalten. Diese werden dann nacheinander im Plenum präsentiert. Bei größeren Gruppen ist es sinnvoll, die Präsentationen zeitlich zu begrenzen.

Erkenntnis to go (siehe S. 267)

In der Online-Variante überlegt sich jeder Teilnehmende in einer fünfminütigen Einzelarbeit maximal drei Erkenntnisse to go und sendet diese im Anschluss im Chat einem von der Trainerin oder dem Trainer festgelegten Teilnehmenden. Zuletzt erfolgt eine Abschlussrunde im Plenum, in der diese Erkenntnisse einfließen können.

Die Alltagsbrücke (siehe S. 269)

Die Teilnehmenden reflektieren in einer Einzelarbeit die drei auf dem Flipchart dargestellten Fragen. Da Online-Workshops in der Regel kürzer sind, sollte die Reflexionszeit je nach Gesamtlänge des Workshops verringert werden. Im Anschluss an die Einzelarbeit werden die Teilnehmenden in digitale Kleingruppenräume zum weiteren Austausch gebeten.

Summary Matrix (siehe S. 271)

Je nach digitalen Möglichkeiten nutzen die Teilnehmenden aus verschiedenen digitalen Kleingruppenräumen heraus eine gemeinsame digitale Plattform und bearbeiten selbstgesteuert innerhalb von 20 Minuten alle vier Felder. Alternativ nutzt jede Kleingruppe eine eigene Folie, um diese im Anschluss im Plenum zu präsentieren.

Workshop-Gedanken (siehe S. 273)

Zu Beginn werden den Teilnehmenden die Aussagen auf dem Flipchart vorgestellt. Um zu gewahrleisten, dass in der Abschlussrunde nicht die Folie, sondern die Teilnehmenden auf dem Bildschirm zu sehen sind, werden diese nach der Vorstellung eingeladen, sich einen oder zwei Punkte auszusuchen oder einen Screenshot bzw. ein Smartphone-Bild anzufertigen. Im Anschluss erfolgt die Abschlussrunde, in der alle reihum ihr Statement abgeben.

Na, wie war's? (siehe S. 275)

Die Teilnehmenden werden zu zweit in Kleingruppenräume geschickt, um ihre Workshop-Erfahrungen auszutauschen. Hier können Sie ca. acht Minuten pro Runde einplanen.

Meine Workshop-Bilanz (siehe S. 277)

Diese Methode eignet sich, wie beschrieben, eher als Abschluss für längere Workshops oder Führungskräfteentwicklungsprogramme. Online-Workshops sind in der Regel kürzer als Präsenzseminare. Eine solche zeitaufwendige Reflexionsmethode macht deshalb, aus meiner Sicht, keinen Sinn. Dennoch bietet es sich an, die Folie mit den Teilnehmenden durchzusprechen und sie ihnen danach zukommen zu lassen. So können sie für sich entscheiden, ob sie die Reflexion durchführen mögen.

Workshop-Wege (siehe S. 279)

Die Teilnehmenden benötigen für diese Variante ein Blatt Papier im DIN-A4-Format. Auch in der Online-Variante fertigen sie analog am Schreibtisch ihr Exponat auf dem Papier an und stellen es im Anschluss, wie in der Präsenzmethode, in Kleingruppen vor. Danach folgt die Abschlussrunde in der Gesamtgruppe.

Was ich noch zu sagen hätte

Zum Schluss möchte ich noch die Gelegenheit nutzen, Ihnen ein paar Gedanken mit auf den Weg zu geben. Da ich Trainer, Coachs und Facilitators zusammengefasst als Begleiterinnen und Begleiter sehe, nutze ich für den folgenden Text diese Begriffe.

Ihr Blick auf die Teilnehmenden

Entscheidend für den Erfolg unserer Arbeit ist, dass man als Begleiterin oder Begleiter die Menschen, mit denen man arbeitet, so nimmt, wie sie sind. Bei unserer Tätigkeit geht es darum, Menschen auf Augenhöhe ein Stück auf ihrem Weg zu begleiten. Es klingt trivial, ist aber der wichtigste Punkt, damit unsere Arbeit gelingt. In Köln heißt es: „Jeder Jeck ist anders." Menschen so zu nehmen, wie sie sind, gibt ihnen den Freiraum, sich zu verändern und sich weiterzuentwickeln.

Gruppen

Unser Leben ist von Gruppenzugehörigkeiten geprägt. Wir leben und arbeiten in Gruppen und sind auf diese zum Überleben angewiesen. Deshalb ist Lernen in der Gruppe essenziell. Da wir uns selbst immer mitnehmen, sind alle Themen, die uns im sonstigen Leben begleiten, ebenso im Workshop anwesend. Der Unterschied ist: Hier dürfen sie in den Vordergrund treten, wertschätzend betrachtet werden und bieten, durch den gegebenen Abstand und den Rahmen, eine wunderbare Gelegenheit, um miteinander und voneinander zu lernen.

Präsenz

In einer Welt, in der wir gleichzeitig Fernsehen schauen, auf dem Smartphone Herzen verteilen und vielleicht auch noch auf dem Laufband unser tägliches Pensum absolvieren, ist Fokussierung und Präsenz im Hier und Jetzt etwas in den Hintergrund gerückt. Dabei sind dies Qualitäten, die als Begleiterin bzw. Begleiter im Workshop elementar sind. Entscheidend ist, wirklich ganz und gar bei den Menschen zu sein, die anwesend sind. Wenn Sie mit dieser Haltung als Begleiterin oder Begleiter im Workshop agieren, dann haben Sie eine gute Chance, dass die Menschen, mit denen Sie arbeiten, es Ihnen gleichtun. Das führt zu einem Kontakt, der wirkliche Lernprozesse ermöglicht.

Zeit nehmen

Wir haben gelernt, ständig zu rennen, und verlernt, wie schön es ist, dass Tempo etwas herauszunehmen. Das erkennt man z.B. darin, dass Spielfilme immer dichter und schneller werden oder längere Texte gar nicht mehr gelesen werden. Die Welt ist rasant geworden. In Workshops gilt es, sich Zeit zu nehmen, um anzuhalten und darauf zu schauen, ob man noch auf den richtigen Wegen unterwegs ist. Denn das Leben ist kein Sprint, sondern ein Marathon.

Die Bauchintelligenz

Mit Ihrer Bauchintelligenz haben Sie ein wichtiges Instrument für Ihre Arbeit. Sie müssen nur darauf hören. Ob eine Methode für eine Gruppe passt, kann nur situativ beurteilt werden. Ich habe schon viele Situationen erlebt, in denen sich mein Bauchgefühl im Nachhinein immer als richtig erwiesen hat. Ich habe gelernt, darauf zu hören.

Präsenz und digital

Sich im realen Kontakt zu begegnen, zu erproben und auszutauschen, ist der einfachste und wichtigste Schlüssel für Weiterentwicklung. In der Gruppe voneinander und miteinander zu lernen, ist am Puls des Lebens. Nichts Digitales kann das aus meiner Sicht ersetzen. Das Digitale kann eine gute Ergänzung sein, um zum Beispiel vor Workshops oder zwischen einzelnen Modulen einen zusätzlichen Impuls zu setzen, zu reflektieren oder Wissen lebendig zu halten. Ansonsten bleibt ein Workshop, in dem man sich mit allen Sinnen erlebt und miteinander arbeitet, die beste Wahl.

Schlussworte

Diese Impulse wollte ich Ihnen gerne zum Schluss mit auf dem Weg geben. Nehmen Sie, was Sie haben mögen, und was nicht passt, lassen Sie einfach im Regal liegen, vielleicht für ein nächstes Mal :-)

Ich wünsche Ihnen alles Gute auf Ihrem Weg.

Ihr Tobias Seibel

Danke schön

Zu allererst bedanke ich mich bei den vielen Teilnehmerinnen und Teilnehmern, die mir in den vergangenen 24 Jahren ihr Vertrauen geschenkt haben. Der Beruf des Change-Begleiters, Trainers und Coachs ist einer der schönsten und erfüllendsten der Welt. Bei jedem Seminar, Workshop und Coaching lerne ich selbst immer wieder neu hinzu und freue mich über alles, was ich bei einzelnen Menschen, in Teams und in Unternehmen in Bewegung gebracht habe.

Ein großer Dank gilt meiner Familie. Ohne ihr Verständnis und ihre Unterstützung wäre dieses Buch nicht möglich gewesen. Insbesondere bedanke ich mich bei meiner lieben Frau Astrid, die mit ihrem Talent für Sprache und Formulierungen sowie ihrem scharfsinnigen „Blick von außen" dieses Buch sehr geprägt und viel lesenswerter gemacht hat.

Auch bei Katja E. Rickert, mit der ich nun seit über 20 Jahren viele unterschiedliche Workshops und Moderationen gestaltet habe, möchte ich mich herzlich bedanken. Du bist die beste Co-Trainerin, die man sich wünschen kann!

Zu guter Letzt bedanke ich mich bei dem Team von managerSeminare, insbesondere Ralf Muskatewitz und Jürgen Graf, für die sehr gute Zusammenarbeit.

Dieses Buch ist meinen Söhnen Leopold und Jakob gewidmet.

Stichwortverzeichnis

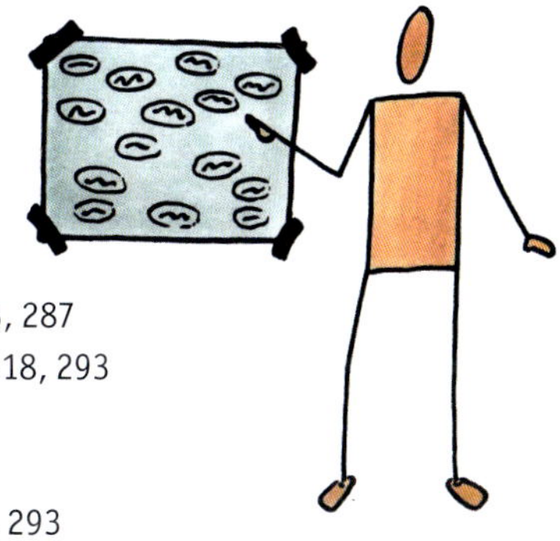

Stichworte, die auf gleichnamige Methoden verweisen, sind kursiv gesetzt